矿山开采数字化精准设计技术研究及应用

任红岗　　王建文　　赵旭林　　苗勇刚　　著

扫一扫查看全书
数字资源

北　京
冶金工业出版社
2022

内 容 简 介

本书共分9章，内容包括：绪论、地质三维可视化建模技术、采场结构参数数字化优选、采场岩体量化评价分析、地下矿山开采数字化模拟技术、矿区三维应力响应精细化分析、采空区群稳定性精细化预测、矿井三维通风与制冷动态仿真化模拟、露天开采精细化设计技术。

本书可供矿山设计院所的工程技术人员、研究人员和管理人员阅读，也可供高等院校相关专业的师生参考。

图书在版编目(CIP)数据

矿山开采数字化精准设计技术研究及应用/任红岗等著. —北京：冶金工业出版社，2022.6
ISBN 978-7-5024-9206-9

Ⅰ.①矿… Ⅱ.①任… Ⅲ.①数字技术—应用—矿山—开采—研究
Ⅳ.①TD8

中国版本图书馆 CIP 数据核字(2022)第 121356 号

矿山开采数字化精准设计技术研究及应用

出版发行	冶金工业出版社	**电 话**	(010)64027926
地 址	北京市东城区嵩祝院北巷 39 号	**邮 编**	100009
网 址	www.mip1953.com	**电子信箱**	service@mip1953.com

责任编辑 王 颖 美术编辑 彭子赫 版式设计 郑小利
责任校对 葛新霞 责任印制 李玉山
北京建宏印刷有限公司印刷
2022 年 6 月第 1 版，2022 年 6 月第 1 次印刷
710mm×1000mm 1/16；14 印张；270 千字；209 页
定价 99.90 元

投稿电话 (010)64027932 投稿信箱 tougao@cnmip.com.cn
营销中心电话 (010)64044283
冶金工业出版社天猫旗舰店 yjgycbs.tmall.com
(本书如有印装质量问题，本社营销中心负责退换)

序

矿山开采设计是十分复杂而又极其重要的系统工程，具有采矿工艺选择多样性、作业场所动态性、生产工序制约性、岩体参数取值不确定性等基本特征。采用精准的矿山设计对于高效开发利用资源、获取最佳经济效益、保证安全稳定生产、规避经营管理风险至关重要。矿山设计一方面要应用精确设计理论、方法，提高设计的科学性和准确性，另一方面要整合空间和时间四维数据，以数字化的形式展现设计成果，提高设计的精确度和可靠度。

由于资源禀赋特殊性和矿床赋存状态的复杂性，以及设计体系上沿用前苏联模式，我国矿山设计长期处于半理论、半经验阶段。受传统模式的束缚，矿山资源估算、生产规模、工艺指标、经济效益的精准性都受到不同程度的影响，阻碍着资源开发利用最优化、最大化的进程，迫切需要推广应用精准设计的新理念、新思路、新方法，以适应当今矿业高质量发展的需求。

近年来，绿色、智能成为矿山企业发展的主旋律，矿山企业开始走向转型升级、高质量发展之路。随着矿业技术、装备水平的提高，矿山企业的机械化、自动化、信息化、智能化程度不断提升。在矿山开采基础理论方面，岩石力学新理论与新方法逐渐应用到矿山工程，取得了良好效果。此外，三维矿业软件的应用，为矿山资源储量动态管理、开采应力分析、矿山开拓回采等方面提供了手段和工具，这些技术与装备的进步推动了矿山设计理念、设计方法上的创新和变革。

在前人研究的基础上，该书作者围绕矿山精准设计理念，系统展示了矿山开采设计系列成果，内容涵盖了地下开采和露天开采，涉及地质建模、采矿方法优化选取、生产计划编排、矿山开采数字化模拟、矿山地应力分析、采空区稳定性预测等技术，成果具有一定的理论创新，其理念、技术、方法具有重要的启发和借鉴意义。

全书将矿山设计理论研究、案例分析、图形表达融为一体，便于读者学习和理解。书中内容是作者长期以来在理论研究和工程应用方面不断总结、凝练形成的，可以供矿山设计院所的相关人员参考、借鉴。

中国工程院院士

2022 年 5 月

前　　言

建设数字化、智能化、绿色新型矿山是矿业发展的趋势和必然选择。随着科技创新的加快推进，数字化、智能化技术和装备研发应用与矿业进一步交叉融合，使矿业发展新动能日益强劲，推动我国矿业向安全、高效、经济、绿色与可持续发展，不断增强我国矿业行业的核心竞争能力。

矿山建设设计先行，设计方法、设计手段、设计精度很大程度上影响矿山建设的质量和效益。建设数字化矿山首先要求采用数字化设计手段，为矿山建设提供更为精准的解决方案。长期以来，国内矿业设计院所在数字化设计方面存在差异，整体水平参差不齐，与国际先进水平仍存在差距。

为此，本书将数字化、三维可视化技术应用到地下矿山设计中，基于多种软件平台，对矿山开采数字化精准设计技术进行系统研究，内容涉及深部极薄矿脉地质建模新方法、地下矿山数字化产能优化及开采规划、基于三维仿真技术的开拓系统动态设计、地下矿山生产计划数字化模拟技术、深部开采通风与降温模拟技术应用研究等，设计成果以多种形象、直观的结果表达形式，如动画、甘特图、图表等，为准确、科学采矿设计提供先进技术手段，提高矿山的设计精度和效率，适应矿业国际化发展需要，为矿山企业创造更高的效益。

本书提出"五化"精准设计理念，围绕三维可视化、设计数字化、过程动态化、模拟仿真化、计算精细化，从理论研究到实例展示，从计算分析到设计应用，系统展示了地质三维可视化建模技术、采场结构参数数字化优选技术、采场岩体量化评价分析技术、地下矿山开采数字化模拟技术、矿区三维应力响应精细化分析技术、采空区群稳定性精细化预测技术、矿井三维通风与制冷动态仿真化模拟技术、露天开采精细化设计技术等内容。

本书将矿山设计理论研究、案例分析、图形表达融为一体，涵盖了地下开采和露天开采设计技术，共分为9章：第1章概述了数字化精准设计技术的重要性、现状、发展趋势；第2章介绍了地质资源估算方法，分析了地质统计学发展与应用，对三维地质建模流程进行研究和优化，利用三维建模及其可视化技术进行了地质建模；第3章采用AHP-Fuzzy和IVIFE-SPA-TOPSIS法，对采场结构参数进行数字化优选，为多属性决策提供新的思路和方法，丰富了决策理论；第4章从定量和定性相结合的角度，对采场围岩稳定性进行综合评价，基于OED-GRA法对采场岩体参数进行敏感性研究；第5章采用数字化模拟技术，对地下矿山产能、开采规划、开拓系统进行数字化布局，实现开采三维仿真动态模拟；第6章基于多软件耦合建立了复杂地质条件下的矿区模型，采用多元函数回归分析法，对矿区三维应力响应进行精细化分析，研究了复杂地形条件下采动影响模式；第7章构建了采空区群顶板-矿柱系统力学模型，分析了采空区群系统突变及失稳机制，对采空区群稳定性精细化预测；第8章基于三维仿真理论，以三维通风软件为平台，建立矿井可视化通风系统，对矿井三维通风与制冷进行仿真化模拟；第9章介绍了露天开采精细化设计技术，基于多个矿山实例，以精细化技术进行一体化优化设计。

本书由任红岗、王建文、赵旭林、苗勇刚著，其中，第1章、第3章、第4章、第6章、第7章、第8章、第9章由任红岗、王建文撰写，第2章由赵旭林撰写，第5章由苗勇刚撰写，最后由任红岗统稿，苗勇刚对全书作了校对，修改了插图，协助完成统稿。

在本书的撰写过程中得到了有关单位、专家和研究人员的支持。本书部分内容来源于矿冶科技集团有限公司的基金项目和企业的横向课题，张长锁、王文杰、杨正松、王海军等对本书的编写给予了指导和帮助，在此一并表示感谢。

　　由于作者水平所限，书中难免存在疏漏和不妥之处，敬请同行专家和广大读者批评指正。

任红岗

2022 年 2 月于北京

目　　录

1 绪 论

1.1 数字化精准设计技术的重要性

我国经济已由高速增长阶段转向高质量发展阶段，正处在转变发展方式、优化经济结构、转换增长动力的攻关期，传统矿业技术革新适应新形势的发展显得尤其重要。由于我国矿产资源禀赋和人均资源量的不足，我国政府提出了充分利用"两个市场、两种资源"和"走出去、引进来"的矿产资源战略。

为了适应发展战略，国内矿业设计院所要以数字化矿山、自动化采矿为目标，通过资源共享、优势互补，为全球矿业客户提供从技术研发、咨询设计，到设备集成、工程总承包的"一站式"解决方案，以"一带一路"倡议为统领、以中资企业海外投资矿产等为契机，积极拓宽海外市场，促进国际化发展。要在国际矿业良好发展机遇中获得最大的利益，必须对咨询及设计技术进行革新，改变传统落后的采矿咨询及设计方式。

21世纪"数字矿山"模式将是采矿业发展的趋势之一，而研究三维可视化、数字化精准采矿设计技术是当前"数字矿山"理论及其技术研究领域首要目标，因此倍受采矿研究人员的高度重视。把数字化、三维可视化精准设计技术应用到矿山采矿设计中，是采矿设计理论和方法的一场技术变革，是国内传统设计院所走向国际化升级发展的必由之路。

长期以来，受国内传统采矿模式的束缚，咨询及设计技术水平远跟不上国际矿业的发展步伐。传统的采矿设计技术在开拓工程计划编制、资源优化开采、生产计划编排、通风降温计算等方面停留在依靠经验估值、平均取值、粗略简算等层面。此外，传统生产计划编排是采用人工方法进行编制，难以考虑复杂的相关因素、大量复杂的资源数据与错综复杂的限制条件，不仅效率低下，而且很难保证质量，经常造成设计偏差较大，工程布置不合理，产生开拓、采准工程浪费的现象，达不到国际标准的要求，严重阻碍着国内设计院所进一步开拓国际市场。

地下矿山的开采设计是十分复杂而又极其重要的系统工程，具有生产对象属性的不确定性、采矿工艺方法的多样性、采矿生产过程中作业场所的动态性和生产单元间的时空制约性等基本特征。整个地下矿山包含许多管理系统，例如采掘生产计划系统、矿山巷道布置系统、矿山运输系统、矿山通风系统，其中采掘生产计划系统是整个矿山开采的核心，采掘生产计划是指导矿山开采的依据，它规定了每一项任务在数量、时间以及空间位置上的关系。采掘生产计划科学合理性，影响到矿山设备与人员等资源的合理利用、影响到矿山均衡稳定的出矿、影响到整个矿山的经济效益。一个合理的采矿设计，对矿山降低成本、提高生产效益提供强有力的支撑，为矿山有效运营提供了更大的生存空间。

矿山是一个真三维动态地理、地质环境，所有的矿山活动均是在真三维地理、地质环境中进行的。矿山地质现象极其复杂，地质体的成因、规模、结构、构造形态差别较大，给采矿设计带来较大的困难。传统的地矿工作对地质空间数据的表达和描述大多是基于二维图纸的。数字化、三维可视化技术的发展以及资源评价体系的出现，为矿山开拓工程、矿块开采优化、生产计划编制提供了一个很好的平台，把它们引入采矿设计，以精确的数据建立科学的矿山资源优化及开采模型，并以此模型帮助决策者做出最佳决策，从而使矿山生产经营任务达到最佳效果的目的。三维矿业软件在我国矿业应用已经二十余年，但国内以往利用三维矿业软件主要进行矿山工程建模、矿体建模与储量估算，在矿山数字化、可视化设计技术应用方面，尤其是在地下矿山采矿设计与生产计划编制当中的应用研究却比较少见。

1.2 数字化精准设计技术现状

1999 年首届"国际数字地球"大会上"数字矿山"的首次提出，促使数字矿山科学研究与技术兴起。国内外许多学者在三维可视化和地质体建模及其应用方面做了大量研究工作。目前，三维环境下的数字采矿设计技术已成为研究的焦点和热点。

从 20 世纪 90 年代开始，国外出现了以三维矿床模型为代表的商业矿用软件，如 Datamine、Surpac、Dimine、Vulcan 涉及地质资料处理、矿床建模、开采设计等各个方面。但在国内，由于三维可视化采矿设计的复杂性，加之我国没有人才和知识的积累，使得许多单位和个人利用三维软件进行采矿整体设计望而却步。国内利用三维矿业软件在矿山开拓工程规划、资源优化开采、生产计划编排等方面没有系统研究及应用。国内个别设计单位引进国外采矿软件，进行三维建模和采矿设计，但由于国内外矿山管理体制的不同，加上国外矿业软件的通用性差、费用高、语言障碍等原因，应用和推广存在一定的难度。

2013 年，中国黄金集团甲玛矿区成为引进 Studio 5D Planner 数字化开采软件的中国第一家用户，但仅仅应用在露天矿采剥计划编制。截至目前，鲜有国内矿业设计院所对矿山开采数字化精准设计技术进行系统的研究。在国内，应用计算机编制矿山生产计划起步较晚，与国外先进水平相比还有一定的差距，在许多技术方面欠成熟，因此矿块优化及采掘生产计划编制还有待于进一步研究和探索。

国内采矿设计数字化总体水平还不够高。自 20 世纪 80 年代中期起，开始了地质信息管理系统、三维地质模拟和可视化功能等的开发应用工作，研发了一些基于不同平台的关于矿床开采评估、设计、计划和生产管理的综合性可视化采矿软件。20 世纪 90 年代末，国内一些大的矿山企业引进了国外矿山三维可视化建模软件，但国外矿用软件存在价格昂贵、非中文界面、和我国矿山实际情况相差大等问题，并没有得到普及。

1.3　数字化精准设计技术发展趋势

在地下矿山开采设计中，资源优化开采、生产计划编排等是采矿高端咨询及设计的最关键、最重要的核心工作之一，其精准度直接影响到矿山投资决策、矿产资源的综合利用、企业的经济效益等方面，关系到矿山企业在激烈的市场竞争中的前途和命运。随着"数字矿山"在我国的飞速发展，矿山开采数字化精准设计技术发展将在国内逐渐被推广应用。

矿山企业作为资源开发的主体，其设计数字化是矿业数字化的重要组成部分之一。通过挖掘先进的设计理念，应用先进的信息技术去融合矿山现有的生产、经营、管理，及时地为矿业提供准确而有效的数据信息，以便对市场需求做出迅速反应，进而提升矿业经济的核心竞争力。

1.4　本章小结

本书内容涵盖了地下开采和露天开采，涉及地质建模、采矿方法优化选取、生产计划编排、矿山开采数字化模拟、矿山地应力分析、采空区稳定性预测等技术。这些技术应用可有效提高矿山的设计精度、工作效率，适应国际矿业发展及为矿山企业创造更高的经济效益。

2 地质三维可视化建模技术

三维矿床地质模拟是由加拿大 Simon W Houlding 于 1993 年首先提出的，是一门涉及勘探地质学、数学地质、地球物理、矿山测量、矿井地质、图形图像学等的新型交叉学科。三维地质建模是通过对钻孔、物探、测量、传感、设计等数据进行过滤和集成，把空间信息、空间分析和预测、地质解译、实体内容分析、地学统计以及图形可视化等结合在一起，将地质构造的时空展布特征及地质体属性参数特征分布变化以直观的图形或图像方式展现出来并进行相关分析，便于理解地质现象、发现地质特征的变化规律。

2.1 地质资源估算方法综述

地质资源估算是进行资源评价、开采设计、生产协调的基础，选择适合于矿床特点的估算方法是保证估算结果可靠的基本条件，因此，对于某个矿床进行资源估算时，估算方法选择应遵循以下基本原则：

（1）应根据矿体形态产状、勘查控制程度、数据的特征等，选择适合勘查区矿体特征的方法，使估算结果尽可能地接近客观实际。

（2）根据不同资源量估算方法的适用条件，以有效、准确、能满足要求，能适应矿体的自然形态、空间展布特征和质量变化规律为原则。

（3）在使用三维建模软件估算资源量时，特别需要考虑的是地质数据库建立、矿体三维实体模型建立（通过地质解译）、划分（具有独特地质或矿化特征、需单独估算和建模的矿体或矿脉）以及块体尺寸等。对于使用动态分维-拓扑模型的软件估算资源量时，应特别加强对原始数据真实性的核查，通过地质解译自动圈定矿体并估算资源量。

（4）对于详查、勘探阶段，应据地质规律、矿体产出和参与矿体圈连的工程分布特征，选择最佳方法估算资源量。

2.1.1 几何法

在计算机技术普遍应用之前，国内外普遍采用几何法估算矿床资源量，目前国内地质报告仍普遍采用这种方式，国外勘查程度较低的资源估算也在采用几何法估算。

几何法（Polygonal Methods）是将形态复杂的矿体分割成若干个较简单的几

何体（块段），估算其平均品位、平均厚度、面积，从而得到矿体资源量的方法。常用的几何法有地质块段法、断面法（剖面法）、最近地区法（同心圆法、多边形法）、三角形法、算术平均法、开采块段法、等值线法、等高线法等。几何法估算资源量的基本流程为：

(1) 确定资源量估算的工业指标；

(2) 遵循控矿地质规律圈定矿体；

(3) 选择资源量估算方法；

(4) 编制资源量估算图表；

(5) 划分块段；

(6) 分块段确定资源量估算参数，估算资源量；

(7) 按照资源量类型、矿体、工业类型汇总资源量估算结果。

国内有色金属矿山普遍采用地质块段法或断面法估算资源量。

2.1.1.1 地质块段法

该方法是将矿体投影到一个平面上，按一定的原则把矿体分割成相互衔接的块段，然后分别计算各块段的资源量；各块段资源量的总和，即为矿体的资源量。

根据投影方式划分为垂直纵投影地质块段法、水平投影地质块段法和倾斜投影地质块段法。

地质块段法适用于二维延展的矿体，允许勘查工程与勘查线有一定偏离。不适用三维延展的矿体、特别是勘查工程穿矿方式不一致的情况。垂直纵投影地质块段法适用于倾角较陡的矿体。水平投影地质块段法适用于倾角较缓的矿体。

采用垂直纵投影地质块段法应编制矿体垂直纵投影图。投影面方位垂直于勘查线，与矿体的总体走向一致。除标高线、勘查线、资源量估算边界外，其核心要素是见矿工程穿过矿体中心点位的投影，以及相应未见矿工程的投影。见矿工程应标注真厚度或垂直投影面的水平厚度、平均品位等数据。在此基础上确定资源量类型，划分块段。估算后应标注各块段资源量估算参数及估算结果。

采用水平投影地质块段法应编制矿体水平投影图。除坐标线、勘查线、资源量估算边界以外，其核心要素是见矿工程穿过矿体中心点位的水平投影，以及相应未见矿工程的投影。见矿工程应标注真厚度或铅直厚度、平均品位等数据。在此基础上确定资源量类型，划分块段。估算后应标注各块段资源量估算参数及估算结果。

地质块段法块段的划分服从资源量估算结果分类汇总的需要。主要的划分要素有矿体连续性、资源量类型、矿石工业类型（需要分采分选的）、产状畸变（切矿断层两盘或褶皱两翼）和其他需要分别汇总的界限，如矿界、开采境界、不同开发利用状况界限等。凡上述要素相同的应划分为相同块段，不同的应分别划为不同块段。

2.1.1.2 断面法

断面法是借助地质断面图进行资源量估算的方法,在断面之间或断面两侧进一步划分块段,然后分别计算各块段的资源量;各块段资源量的总和,即为矿体或矿床的资源量。

断面法一般分为水平断面法和垂直断面法。垂直断面法又称为勘探线剖面法或剖面法。垂直断面法又分为平行断面法和不平行断面法。

断面法适用于以勘探线法或水平勘查法进行勘查,探矿工程主要分布在勘查剖面上或水平断面上,偏移不大的各类矿床。特别是矿体为一维延展(如筒状、柱状)或三维延展,矿体厚大、形态复杂、穿矿工程交错等不适合使用地质块段法的矿床。

断面法估算图件主要为断面资源量估算图,突出表示资源量类型及块段划分内容。在断面图上圈定矿体要遵循控矿地质因素和矿体地质规律,与地质要素相协调。工程之间的矿体一般应以直线连接,当有充分依据时也可用自然曲线连接。

2.1.2 SD法估算

SD法(SD methods)是以构建结构地质变量为基础,运用动态分维技术和SD样条函数(改进的样条函数)工具,采用降维(拓扑)形变、搜索(积分)求解和递进逼近等原理,通过对资源储量精度的预测,确定靶区求取矿产资源量的方法。SD方法也被称为"SD结构地质变量样条曲线断面积分计算和审定法"或"地质分维拓扑学"方法。常用的有框块法、任意分块法、精度预测法等。

SD法的应用与勘查阶段无关,适用于具有两个及以上工程(槽、井、坑、钻等)的数据,两条以上的剖面范围即可进行资源量和SD精度的估算,获得资源量的数量及精确程度成果。适用于固体矿产勘查、开采等各阶段、各种矿种、各种规模、不同成因类型条件下的各种矿床的资源量估算。

SD方法应采用相应的软件系统来完成资源量估算。目前只应用于国内个别矿山,普遍性欠佳。

2.1.3 三维空间估算

三维空间估算一般是指采用具有地质统计学模块的三维软件,对样品三维分布规律统计分析后,获得可用于三维插值的参数,借助不同的算法对区域化变量进行三维空间插值,总体可分为两大类:一类是地质统计学法,另一类是距离幂次反比法。

地质统计学法(geostatistical methods)是以区域化变量理论为基础,以变异函数为主要工具，为既有随机性又有相关性的空间变量（通常为矿石品位等矿体的属性）实现最优线性无偏估计，通过块体约束计算资源量的方法（通常叫克里格法）。常用的有普通克里格法、对数克里格法和指示克里格法等。

距离幂次反比法（inverse distance weight）是利用样品点和待估块中心之间距离取幂次后的倒数为权系数进行加权平均，通过块体约束计算资源量的方法。

距离幂次反比法的基本原理是设平面上分布一系列离散点，已知其位置坐标 (x_i, y_i) 和属性值 $z_i(i=1, 2, \cdots, n)$，$P(x, y)$ 为任一格网点，根据周围离散点的属性值，通过距离反比加权插值求 P 点属性值。距离反比加权插值法综合了泰森多边形的邻近点法和多元回归法的渐变方法的长处，它假设 P 点的属性值是在局部邻域内中所有数据点的距离反比加权平均值，可以进行确切的或者圆滑的方式插值。周围点与 P 点因分布位置的差异，对 $P(z)$ 影响不同，我们把这种影响称为权函数 $W_i(x, y)$，幂次参数控制着权系数如何随着离开一个格网结点距离的增加而下降。对于一个较大的幂次，较近的数据点被给定一个较高的权重；对于一个较小的幂次，权重比较均匀地分配给各数据点。计算一个格网结点时，给予一个特定数据点的权值，与指定幂次的结点到观测点的距离倒数成比例。当计算一个格网结点时，配给的权重是一个分数，所有权重的总和等于 1.0。当一个观测点与一个格网结点重合时，该观测点被给予一个实际为 1.0 的权重，所有其他观测点被给予一个几乎为 0.0 的权重。换言之，该结点被赋给与观测点一致的值，这就是一个准确插值。权函数主要与距离有关，有时也与方向有关，若在 P 点周围四个方向上均匀取点，那么可不考虑方向因素，这时：

$$P(z) = \sum_{i=1}^{n} \frac{z_i}{[d_i(x, y)]^u} \Bigg/ \sum_{i=1}^{n} \frac{1}{[d_i(x, y)]^u}$$

式中，$d_i(x, y) = \sqrt{(x-x_i)^2 + (y-y_i)^2}$，表示由离散点 (x_i, y_i) 至 $P(x, y)$ 点的距离；$P(z)$ 为要求的待估点的值；权函数为 $W_i(x, y) = 1/[d_i(x, y)]^u$。

据统计，每年几百份全球资源量估算公开报告中绝大部分采用地质统计学方法，其中普通克里格法又占 60% 以上，其次为距离幂次反比法。本书中案例均采用地质统计学法估算资源量。

2.2 地质统计学发展与应用

地质统计学（geostatistics）在韦氏（N. Webster）大词典中的定义是："关于取自地球的大量数据的收集、分析、解释和表达的一个数学分支"。就矿山地质统计学的内容范围来说，这一定义是十分恰当的。地质统计学包含经典统计学与空间统计学，其重点是地球状况，也就是说着重于地质特征的分析。按其基本原理可定义为：地质统计学是以区域化变量理论为基础，以变异函数为主要工具，研究那些在空间分布上既有随机性，又有结构性的自然现象的科学。

早在 20 世纪 10 年代，传统的统计学方法就已用于分析地质数据。在地质矿产方面最初也是利用传统的统计学作为分析数据的工具，直到 20 世纪 40 年代后期，当南非统计学家 H. S. Sichel（西奇尔）判明南非各金矿的样品品位呈对数正态分布以后，才真正确立了地质统计学的开端。

1951 年，南非的矿山工程 D. G. Krige（克里格）在 H. S. Sichel 研究的基础上提出一个论点："可以预计，一个矿山总体中的金品位的相对变化要大于该矿山某一部分中的金品位的相对变化"。换句话说，以较近距离采集的样品很可能比以较远距离采集的样品具有更近似的品位。这一论点是描述在多维空间内定义的数值特征的空间统计学据以建立的基础。

到 20 世纪 60 年代，人们才认识到需要把样品值之间的相似性作为样品间距离的函数来加以模拟，并且得出了半变异函数。法国概率统计学家 Matheron（马特隆）创立了一个理论框架，为克里格做出的经验论点提供了精确而简明的数学阐释。

马特隆创造了一个新名词"克里格法"（Kriging），以表彰克里格在矿床的地质统计学评价工作中所起到的先驱作用。即 1962 年，马特隆在克里格和西奇尔研究的基础上，将他们的成果理论化、系统化，并首先提出了区域化变量（regionalized variable）的概念，为了更好地研究具有随机性及结构性的自然现象，提出了地质统计学一词，出版了《应用地质统计学》，该著作的出版标志着地质统计学作为一门新兴边缘学科诞生了。地质统计学开始进入了学术界。在法国枫丹白露成立了地质统计学中心（centre de geostatistiques），培养了一大批学员，为地质统计学的研究和传播起到了巨大的作用。

2.2.1　地质统计学基本理论

区域化变量是指以空间点 x 的三个直角坐标（x_u, x_v, x_w）为自变量的随机场 $Z(x_u, x_v, x_w) = Z(x)$。当对它进行了一次观测后，就得到了它的一个现实 $Z(x)$，它是一个普通的三元实值函数或空间点函数。区域化变量的两重性表现在：观测前把它看成是随机场［依赖于坐标（x_u, x_v, x_w）］，观测后把它看成一个空间点函数（即在具体的坐标上有一个具体值）。

马特隆定义区域化变量是：一种在空间上具有数值的实函数，它在空间的每一个点取一个确定的数值，即当由一个点移到下一个点时，函数值是变化的。

2.2.1.1　变异函数与协方差

研究区域化变量使用变异函数，在一维条件下变异函数定义如下：当空间点 x 在一维 x 轴上变化时，把区域化变量在 x 与 $x+h$ 处的值 $Z(x)$ 与 $Z(x+h)$ 的差的方差之半定义为区域化变量 $Z(x)$ 在 x 轴方向上的变异函数，并记为 $\gamma(x, h)$：

$$\gamma(x, h) = \frac{1}{2}\mathrm{Var}[Z(x) - Z(x + h)]$$

$$= \frac{1}{2}E[Z(x) - Z(x + h)]^2 - \frac{1}{2}\{E[Z(x)] - E[Z(x + h)]\}^2 \quad (2\text{-}1)$$

在二阶平稳假设下有

$$E[Z(x + h)] = E[Z(x)]$$

于是式（2-1）改写成下式：

$$\gamma(x, h) = \frac{1}{2}E[Z(x) - Z(x + h)]^2 \quad (2\text{-}2)$$

从式（2-2）可知：变异函数依赖于两个自变量 x 和 h，当变异函数 $\gamma(x, h)$ 与位置 x 无关，而只依赖于分隔两个样品点之间的距离 h 时，则 $\gamma(x, h)$ 就可改写为 $\gamma(h)$：

$$\gamma(h) = \frac{1}{2}E[Z(x) - Z(x + h)]^2 \quad (2\text{-}3)$$

应当说明的是：有时把 $2\gamma(x, h)$ 定义为变异函数，则 $\gamma(x, h)$ 就是半变异函数了，而把 $\gamma(x, h)$ 直接定义为变异函数时，决不会影响它的性质。

如前所述，当随机函数中只有一个自变量 x 时称为随机过程，而随机过程 $Z(t)$ 在时刻 t_1 及 t_2 处的两个随机变量 $Z(t_1)$ 及 $Z(t_2)$ 的二阶中心混合矩定义为随机过程的协方差函数：

$$\mathrm{Cov}[Z(t_1), Z(t_2)] = E[Z(t_1)Z(t_2)] - E[Z(t_1)]E[Z(t_2)] \quad (2\text{-}4)$$

当随机函数依赖于多个自变量时，$Z(x) = Z(x_u, x_v, x_\omega)$ 称为随机场。而随机场 $Z(x)$ 在空间点 x 和 $x+h$ 处的两个随机变量 $Z(x)$ 和 $Z(x + h)$ 的二阶中心混合矩定义为随机场 $Z(x)$ 的自协方差函数：

$$\mathrm{Cov}[Z(x), Z(x + h)] = E[Z(x)Z(x + h)] - E[Z(x)]E[Z(x + h)]$$

$$(2\text{-}5)$$

协方差函数一般依赖于空间点 x 和向量 $\boldsymbol{h}$。当式（2-5）中 $\boldsymbol{h}=0$ 时，则协方差函数变为：$\mathrm{Cov}[Z(x), Z(x + 0)] = E[Z(x)]^2 - \{E[Z(x)]\}^2$，即等于先验方差函数 $\mathrm{Var}[Z(x)]$，当其不依赖于 x 时，简称方差，从而有

$$\mathrm{Var}[Z(x)] = E[Z(x)]^2 - \{E[Z(x)]\}^2 \quad (2\text{-}6)$$

2.2.1.2 平稳假设及内蕴假设

在地质统计学研究中是用变异函数表示矿化范围内区域化变量的空间结构性的，要用式（2-2）计算变异函数时，必须要有 $Z(x)$、$Z(x + h)$ 这一对区域化变量的若干实现，而在实际工作中（尤其是地质、采矿工作中）只有一对这样的现实，即在 x、$x+h$ 点只能测得一对数据（因为不可能恰在同一样点上取得第

二个样品），也就是说，区域化变量的取值是唯一的，不能重复。为了克服这个困难，提出了如下的平稳假设及内蕴假设。

设一随机函数 Z，其空间分布律不因平移而改变，即若对任一向量 h，关系式 $G(z_1, z_2, \cdots, x_1, x_2, \cdots) = G(z_1, z_2, \cdots, x_1 + h, x_2 + h, \cdots)$ 成立时，则该随机函数 Z 为平稳性随机函数，确切地说，无论位移向量 h 多大，两个 k 维向量的随机变量 $\{Z(x_1), Z(x_2), \cdots, Z(x_k)\}$ 和 $\{Z(x_1 + h), Z(x_2 + h), \cdots, Z(x_k + h)\}$ 有相同的分布律。通俗地说，在一个均匀的矿化带内，$Z(x)$ 与 $Z(x + h)$ 之间的相关性不依赖于它们在矿化带内的特定位置。这种平稳假设至少要求 $Z(x)$ 的各阶矩均存在，且平稳，而在实际工作中却很难满足。在线性地质统计学研究中，我们只需假设其 1、2 阶矩存在且平稳就够了，因而提出二阶平稳或弱平稳假设。

当区域化变量满足下列两个条件时，称该区域化变量满足二阶平稳：

（1）在整个研究区内，区域化变量 $Z(x)$ 的期望存在且等于常数：

$$E[Z(x)] = m$$

（2）在整个研究区内，区域化变量的空间协方差函数存在且平稳：

$$\mathrm{Cov}[Z(x), Z(x + h)] = E[Z(x)Z(x + h)] - m^2 = C(h)$$

当 $h = 0$ 时，上式变成：

$$\mathrm{Var}[z(x)] = C(0)$$

即它有有限先验方差。

上述各式中 $\mathrm{Cov}(\cdot)$ 及 $C(\cdot)$ 表示协方差，$\mathrm{Var}(\cdot)$ 表示方差。

协方差平稳意味着方差及变异函数平稳，从而有关系式：

$$C(h) = C(0) - \gamma(h) \tag{2-7}$$

在实际工作中，有时协方差函数不存在，因而没有有限先验方差，即不能满足上述的二阶平稳假设，例如一些自然现象和随机函数，它们具有无限离散性，即无协方差及先验方差，但却有变异函数，这时，我们可以放宽条件，如只考虑品位的增量而不考虑品位本身，这就是内蕴假设的基本思想，当区域化变量 $Z(x)$ 的增量 $Z(x) - Z(x + h)$ 满足下列两个条件时，称该区域化变量满足内蕴假设：

在整个研究区域内，随机函数 $Z(x)$ 的增量 $Z(x) - Z(x + h)$ 的数学期望为 0：

$$E[Z(x) - Z(x + h)] = 0$$

对于所有矢量的增量 $Z(x) - Z(x + h)$ 的方差函数存在且平稳，即

$$\begin{aligned}
\mathrm{Var}[Z(x) - Z(x + h)] &= E[Z(x) - Z(x + h)]^2 \\
&= 2\gamma(x, h) \\
&= 2\gamma(h)
\end{aligned}$$

即要求 $Z(x)$ 的变异函数 $\gamma(h)$ 存在且平稳。

内蕴假设可以理解为：随机函数 $Z(x)$ 的增量 $Z(x) - Z(x+h)$ 只依赖于分隔它们的向量 $\boldsymbol{h}$（模和方向）而不依赖于具体位置 x，这样，被向量 $\boldsymbol{h}$ 分隔的每一对数据 $[Z(x), Z(x+h)]$ 可以看成是一对随机变量 $\{Z(x_1), Z(x_2)\}$ 的一个不同现实，而变异函数 $\gamma(h)$ 的估计量 $\gamma^*(h)$ 是

$$\gamma^*(h) = \frac{1}{2N(h)} \sum_{i=1}^{N(h)} [Z(x_i) - Z(x_i + h)]^2 \qquad (2-8)$$

式中，$N(h)$ 是被向量 $\boldsymbol{h}$ 相分隔的试验数据对的数目。

如果随机函数只在有限大小的邻域（例如以 a 为半径的范围）内是平稳的（或内蕴的），则称该随机函数服从准平稳（或准内蕴）假设，准平稳或准内蕴假设是一种折中方案，它既考虑到某现象相似性的尺度（scale），也顾及有效数据的多少。实际工作中，可以通过缩小准平稳带的范围 b 而得到平稳性，而结构函数（协方差或变异函数）只能用于一个限定的距离 $|h| \leqslant b$，例如界限 b 为估计领域的直径，也可以是一个均匀带的范围，当 $|h| > b$ 时，区域化变量 $Z(x)$ 和 $Z(x+h)$ 就不能认为同属于一个均匀带，这时，结构函数 $C(h)$ 或 $\gamma(h)$ 只是局部平稳的，所以，我们把只限于 $|h| \leqslant b$ 范围内的二阶平稳称为准平稳，把只限于 $|h| \leqslant b$ 范围内的内蕴称为准内蕴。上述的这种概念在后边将要讨论的克里格估计中十分重要，因此我们可以用这种想法确定适当大小的移动邻域，在该邻域内，随机函数的数学期望和协方差（或变异函数）是平稳的，而且在该邻域内的有效数据足以进行统计推断。显然，平稳假设或内蕴假设可以理解为一种相对的概念。

2.2.1.3 估计方差

任一估计方法，由于估计时所用样品与被估块段的大小并非严格相等，从而使被估块段的实际值与估计值不同，即产生估计误差，一个储量计算方法的可靠程度就是根据该方法所包含的误差大小来衡量的。最好的估计方法是误差最小的方法。

设有一矿床被分成大小相等的以 x_i（$i = 1, 2, \cdots, N$）为中心的 N 个块段，令每一块段的实际品位为 $Z(x_i)$（$i = 1, 2, \cdots, N$），而用某种方法估计出 $Z(x_i)$ 的估计品位为 $Z^*(x_i)$（$i = 1, 2, \cdots, N$），这时就有估计误差：

即 $\qquad R(x_i) = Z(x_i) - Z^*(x_i) \qquad (i = 1, 2, \cdots, N)$

可以证明，若 $Z(x_i)$ 是二阶平稳的话，$R(x_i)$ 也是二阶平稳的，因而：

$$E[R(x_i)] = m_E$$

而且有有限方差，且平稳：

$$\delta^2 = \mathrm{Var}[Z(x) - Z^*(x)]$$
$$= E\{[R(x)]^2 - m_E^2\}$$

当然，我们总是希望估计的平均值与实际值的平均值相同，不希望有系统误差（所谓无偏性）。

此外，我们总是希望上述大多数误差的绝对值要小一些，并且在某一确定值周围波动，即估计误差的分布具有较小离散性：

$$\delta^2 = \text{Var}[Z(x) - Z^*(x)] \geqslant 0$$

令 $Z(x)$ 为一个二阶平稳的随机函数，其期望为 m，协方差为 $C(h)$ 或变异函数为 $\gamma(h)$，且只依赖于向量 h。

经过推导，估计方差的计算公式如下

$$\delta_E^2 = \overline{C}(V, V) + \overline{C}(v, v) - 2\overline{C}(V, v) \tag{2-9}$$

上式可用平均变异函数表示如下

$$\delta_E^2 = 2\overline{\gamma}(V, v) + \overline{\gamma}(V, V) - \overline{\gamma}(v, v) \tag{2-10}$$

式 (2-9) 和式 (2-10) 中 $\overline{C}(V, v)$ 及 $\overline{\gamma}(V, v)$ 分别代表当矢量的两个端点各自独立地扫过待估域 V 及信息域 v 的协方差函数平均值及变异函数平均值；$\overline{C}(v, v)$ 及 $\overline{\gamma}(v, v)$ 分别代表当矢量的两个端点各自独立地扫过任两个信息域 v 的协方差函数平均值及变异函数平均值；$\overline{C}(V, V)$ 及 $\overline{\gamma}(V, V)$ 分别代表当矢量的两个端点各自独立地在待估域 V 扫过时的协方差函数平均值及变异函数平均值。

当估计量是加权平均值时，估计方差的公式可表示如下

$$\delta_E^2 = \overline{C}(V, V) + \sum_{i=1}^n \sum_{j=1}^n \lambda_i \lambda_j \overline{C}(v_i, v_j) - 2\sum_{i=1}^n \lambda_i \overline{C}(V, v_i) \tag{2-11}$$

式中，v_i、v_j 表示信息域；V 表示待估域；λ_i、λ_j 为 v_i、v_j 的权系数。或

$$\delta_E^2 = 2\sum_{i=1}^n \lambda_i \overline{\gamma}(V, v_i) - \overline{\gamma}(V, V) - \sum_{i=1}^n \sum_{j=1}^n \lambda_i \lambda_j \overline{\gamma}(v_i, v_j) \tag{2-12}$$

2.2.1.4 离差方差

令 V 是以点 x 为中心的开采面，并将其分成以 x_i 为中心的 N 个大小相等的生产单元 $v(x_i)$（$i = 1, 2, \cdots, N$）。

$$V = \sum_{i=1}^N v(x_i) = N \cdot v$$

现在让我们再把 v 离散成若干个 y 点，其品位为 $Z(y)$，则每个以点 x_i 为中心的单元 $v(x_i)$ 的平均品位是

$$Z_l(x_i) = \frac{1}{v}\int_{v(x_i)} Z(y)\mathrm{d}y$$

以 x 为中心的开采面 V 的平均品位是

$$Z_V(x) = \frac{1}{V} \int_{V(x)} Z(y) \, dy$$

$$= \frac{1}{N} \sum_{i=1}^{N} Z_V(x_i)$$

显然，这 N 个品位值 $z_v(x_i)(i = 1, 2, \cdots, N)$ 对它的平均值 $Z_V(x)$ 的离散程度可用其方差表示：

$$s^2(x) = \frac{1}{N} \sum_{i=1}^{N} [z_v(x_i) - Z_V(x)]^2 \qquad (2\text{-}13)$$

当 x 固定，则 $z_v(x_i)$ 与 $Z_V(x)$ 均为随机变量，而 $s^2(x)$ 也是一个随机变量，从而可以讨论它的数学期望。至此，我们可以定义离差方差如下：在区域化变量 $z(y)$（点品位）满足二阶平稳假设条件下，把随机变量 $s^2(x)$ 的数学期望定义为在开采面 V 内 N 个生产单元 v 的离差方差，记为 $D^2(v/V)$：

$$D^2(v/V) = E[s^2(x)] = E\left\{ \frac{1}{N} \sum_{i=1}^{N} [z_v(x_i) - Z_V(x)]^2 \right\} \qquad (2\text{-}14)$$

经过推导得到离差方差的通式：

$$D^2(v/V) = \overline{C}(v, v) - \overline{C}(V, V) \qquad (2\text{-}15)$$

或 $\qquad D^2(v/V) = \overline{\gamma}(V, V) - \overline{C}(v, v) \qquad (2\text{-}16)$

2.2.1.5 变异函数及结构分析

为表征一个矿床金属品位等特征量的变化，经典统计学通常采用均值、方差等一类参数，这些统计量只能概括该矿床中金属品位等特征量的全貌，却无法反映局部范围和特定方向上地质特征的变化。地质统计学引入变异函数这一工具，它能够反映区域化变量的空间变化特征——相关性和随机性，特别是透过随机性反映区域化变量的结构性，故变异函数又称结构函数。

我们可以把一个矿床看成是空间中的一个域 V（见图 2-1），V 内的许多值则可以看成是 V 内一个点至另一个点的变量值，如图中 x、$x+h$ 为沿 u 方向被矢量 h 分割的两个点，其观测值分别为 $Z(x)$ 及 $Z(x + h)$，该两者的差值 $[Z(x) - Z(x + h)]$ 就是一个有明确物理意义的结构信息，因而可以看成是一个变量。

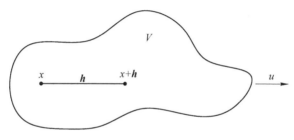

图 2-1　域 V 内的变量值

区域化变量 $Z(x)$ 在空间相距 h 的任意两点 x 和 $x+h$ 处的值 $Z(x)$ 与 $Z(x + h)$ 差的方差之半定义为区域化变量 $Z(x)$ 的变异函数，记为 $\gamma(x, h)$：

$$\gamma(x, h) = \frac{1}{2}\mathrm{Var}[Z(x) - Z(x + h)]$$

$$= \frac{1}{2}E[Z(x) - Z(x + h)]^2 - \frac{1}{2}\{E[Z(x)] - E[Z(x + h)]\}^2$$

由上式可以看出，$\gamma(x, h)$ 是依赖于 x 和 h 两个自变量的，$\gamma(x, h)$ 与位置 x 无关，而只依赖于分隔两个样品点之间的距离 h 时，则可把变异函数 $\gamma(x, h)$ 写为 $\gamma(h)$：

$$\gamma(h) = \frac{1}{2}E[Z(x) - Z(x + h)]^2 \tag{2-17}$$

在实践中，样品的数目总是有限的，把有限实测样品值构制的变异函数称为实验变异函数（Experimental Semivariogram），记为 $\gamma^*(h)$：

$$\gamma^*(h) = \frac{1}{2N(h)}\sum_{i=1}^{N(h)}[Z(x_i) - Z(x_i + h)]^2 \tag{2-18}$$

式中，$\gamma^*(h)$ 是理论变异函数值 $\gamma(h)$ 的估计值。

变异函数一般用变异曲线来表示。其常用的模型有：球状模型、高斯模型及指数模型。

球状模型公式为

$$\gamma(h) = \begin{cases} 0 & h = 0 \\ C_0 + C\left(\frac{3h}{2a} - \frac{1h^3}{2a^3}\right) & 0 < h \leqslant a \\ C_0 + C & h > a \end{cases} \tag{2-19}$$

球状模型在地质采矿中应用最为广泛，如图 2-2 所示。

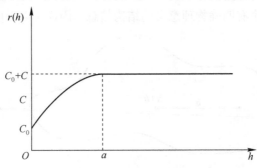

图 2-2　变异函数曲线

该模型在 $h=0$ 处，作球状模型曲线的切线与总基台的交点的横坐标为 $\frac{2}{3}a$ ，其中 a 值叫变程（见图2-3）。

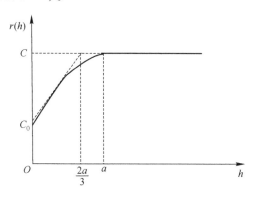

图 2-3 球状模型的变程

高斯模型：其通式为

$$\gamma(h) = \begin{cases} 0 & h = 0 \\ C_0 + C(1 - e^{-\frac{h^2}{a^2}}) & h > 0 \end{cases} \tag{2-20}$$

必须注意：式中 a 不是变程，由于当 $h = \sqrt{3}a$ 时，$1 - e^{-\frac{h^2}{a^2}} = 1 - e^{-3} \approx 0.95 \approx 1$，即当 $h = \sqrt{3}a$ 时，$\gamma(h) \approx C_0 + C$ ，所以，该模型的变程为 $\sqrt{3}a$ 。

指数模型：一般公式为

$$\gamma(h) = \begin{cases} 0 & h = 0 \\ C_0 + C(1 - e^{-\frac{h}{a}}) & h > 0 \end{cases} \tag{2-21}$$

由于当 $h=3a$ 时，$1 - e^{-\frac{3a}{a}} = 1 - e^{-3} \approx 0.95 \approx 1$，即当 $h=3a$ 时，$\gamma(h) \approx C_0 + C$，所以该模型的变程约为 $3a$。

图 2-3 是一个理想化的变异曲线图。图中的 C_0 称为块金效应（nugget effect），它表示 h 很小时两点间品位的变化；a 称为变程（range），当 $h \leqslant a$ 时，任意两点间的观测值有相关性，这个相关性随 h 的变大而减小，当 $h > a$ 时就不再具相关性，a 的大小反映了研究对象（如矿体）中某一区域化变量（如品位）的变化程度，从另一个意义看，a 反映了影响范围，例如可以用在范围 a 以内的信息值对待估域进行估计。$C_0 + C$ 称为总基台值（Sill），它反映某区域化变量在研究范围内变异的强度，它是最大滞后距的可迁性变异函数的极限值。

2.2.1.6 结构分析

在实际工作中区域化变量的变化很复杂，它可能在不同的方向上有不同的变化性，或者在同一方向包含着不同尺度上的多层次的变化性，因此无法用一种理论模型来拟合它，为了全面地了解区域化变量的变异性，就必须进行结构分析。所谓结构分析就是构造一个变异函数模型，对全部有效结构信息作定量化的概括，以表征区域化变量的主要特征。结构分析的主要方法是套合结构，就是把分别出现在不同距离 h 上和不同方向上同时起作用的变异性组合起来。套合结构可以表示为多个变异函数之和，每一个变异函数代表一种特定尺度上的变异性，其表达式为

$$\gamma(h) = \gamma_0(h) + \gamma_1(h) + \cdots + \gamma_n(h) \tag{2-22}$$

在几个方向上研究区域化变量时，当一个矿化现象在各个方向上性质相同时称各向同性，反之称各向异性，它表现为变异函数在不同方向上的差异。各向异性按性质可划分为几何异向性和带状异向性两种。

几何异向性，当区域化变量在不同方向上表现出变异程度相同而连续性不同时称为几何异向性，由于这种异向性可以通过简单的几何图形变换化为各向同性而得名。几何异向性具有相同的基台值而变程不同，如图 2-4 所示。

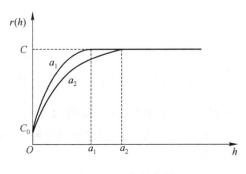

图 2-4　几何异向性

带状异向性，当区域化变量在不同方向上变异性之差，不能用简单的几何变换得到时，就称为"带状异向性"，这时，其 $\gamma_0(h)$ 具有不同的基台值 C，而变程 a 可以相同或不同，如图 2-5 所示。

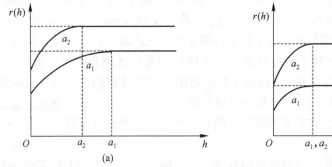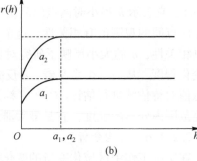

图 2-5　带状异向性

2.2.1.7 交叉验证

在进行结构分析后，得到结构模型，如何验证该结构模型是否正确反映矿床实际结构，可以采用交叉验证的办法。具体实施的方法是，依次拿掉一个已知值，然后用该结构模型和待估域周围的已知样品去估该已知值。然后把这些真值和估计值进行比较，不断改变结构参数，当平均相对误差（真值减估计值差的平均值）趋近于"0"，并且实际误差方差（真值和估计值的误差的方差）和理论克里格估计方差之比趋近于"1"时，所选的结构模型最好。

2.2.2 地质统计学发展及应用

地质统计学经过 50 多年的发展，已成为能表征和估计各种自然资源的工程学科，并由法国、南非及一些法语国家推广到几乎全世界。作为一门年轻的边缘学科仍正处于蓬勃发展的阶段。地质统计学研究的最新进展如下：

（1）世界上，地质统计学研究可分为两派：以法国 G. Matheron 为代表的"枫丹白露地质统计学派"，主要研究参数地质统计学；和以美国 A. G. Journel 为代表的"斯坦福地质统计学派"，主要研究非参数地质统计学。前者继续开展以正态假设为基础的析取克里格法及条件模拟的研究，同时把主成分分析和协同克里格法结合起来，提出多元地质统计学的基本思想，形成了简单克里格（Simple Kriging）、普通克里格（Ordinary Kriging）、泛克里格（Universal Kriging）以及析取克里格（Disjunctive Kriging）等一套理论和方法。上述方法的所有计算均依赖于实际样品数据，并求得区域化变量理论模型的若干参数，故称为"参数地质统计学"（Parametric Geostatistics）；后者发展了无须对数据分布做任何假设的指示克里格（Indicator Kriging）、概率克里格（Probabilitric Kriging）以及指示条件模拟（Indicator Condition Simulation）等一套理论和方法，同时考虑如何使用软数据的问题。两个学派都在研究地质统计学中的稳健性问题。

（2）不同的数学方法不断地引进克里格法，多学科渗透形成各种新的克里格法。国外已将地质统计学与贝叶斯统计（Bayes Statistics）数学形态学、模糊数学、自回归、时间序列分析、分数维等相结合研究出许多新的方法。例如：对于含有特异值（如特高品位），接近高斯分布的数据，将稳健统计学的思想应用于求变异函数，提出了稳健克里格方法；应用条件概率估计空间分布用以解决可回采储量的估计和预报区间的确定问题；将多元区域化变量引入克里格法，利用两个以上具有相关性的变量协同对某一变量进行估值，产生了协同克里格法；将多元区域化变量引入指示克里格法便产生协同指示克里格；将多元统计思想引进克里格产生因子克里格等。在 20 世纪 80 年代末至 90 年代初，地质统计学工作者将分形理论与地质统计学相结合，形成了分形地质统计学。

（3）条件模拟可保持变量的空间自相关性不变，使观测点上的模拟值等于实测值，域化变量，而且有可能实现三维空间模拟。目前条件模拟的应用已不局限于评价可采矿石与局部评价问题，对工程位置部署提供指导将是其应用的一个方向，从对矿体的条件模拟向模拟采矿过程，到模拟矿山开发后的各个阶段中可采储量的特征变化，用于评价可采矿石量与品位的局部变化。条件模拟还可用于矿山和选矿厂的管理，并在煤田、石油地质勘探与开发领域也得到应用。主要条件模拟方法有 G. Matheron 的"转向带法"和 A. G. Journel 的"非高斯分布快速模拟法"等。

（4）地质统计学不断应用于新的领域，如：矿山地质与矿产经济、石油地质与煤田地质勘探与开发、水文工程地质、环境科学的研究、海洋渔业资源动态管理、海洋地球物理、农林科学、图像处理、制图技术、公共卫生、财政分析以及材料科学的研究等。

（5）研制出一批高水平的地质统计学方法计算程序软件。在地质统计学的理论及方法基础上开发了许多成熟的应用软件。如美国开发的矿床建模软件包（Deposit Modeling System），功能上可覆盖矿山地质设计的全过程；而 MICL（英国矿业计算机有限公司）开发的 DATAMINE 软件包，则集地、测、采于一体；法国巴黎高等矿院地质统计学研究中心研制出两种大型软件系统：ISATIS 系统及 HERESIM 系统；澳大利亚的 MICROMINE 软件、SURPAC 软件、加拿大的 GEOSTAT 软件、CAMET 软件和 GLS 软件系统等。

2.3　地质建模的基本要求和流程

2.3.1　基本流程

地质建模应开始于矿山项目启动，也可在形成一定成果后再开始，尽早开展地质建模将有利于矿山测量、地质勘查、厂区布置等各环节优化。一般的地质建模流程如图 2-6 所示。

2.3.2　钻孔数据库

应用三维软件进行矿体的圈定和资源量估算，至少需要三种基本数据：工程开孔坐标文件、工程测斜文件、样品分析文件。为了准确客观地圈定矿体和资源量估算，一般应进行地质界线、构造形态的圈定后再圈定矿体，因此应该有岩性数据表，另外也可添加物相分析表、内检分析表、外检分析表等相关表格。钻孔三维形态及分布示意图如图 2-7 所示。

2.3.2.1　工程开孔坐标文件（COLLAR 表）

必须包括钻孔号、钻孔位置坐标、钻孔深度，另外应区分矿段、勘探线、开孔日期等信息，见表 2-1。

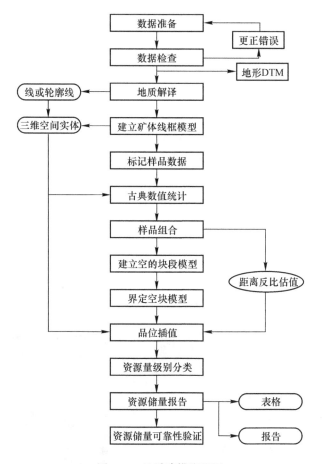

图2-6 地质建模流程图

表2-1 开孔坐标文件格式及示例

钻孔号	东坐标	北坐标	高程	深度	矿段	勘探线	开孔日期	年份
BHID	XCOLLAR	YCOLLAR	ZCOLLAR	DEPTH	ZONE	SECTION	DATE	YEAR
ZK1-1	490100	4400100	125.04	359.54	WEST	KP1	2011.04.18	2011
ZK2-1	490300	4400200	133.32	415.68	EAST	KP2	2012.08.25	2012

2.3.2.2 工程测斜文件（SURVEY 表）

测斜数据一般取自钻孔质量一览表或柱状图，必须包括钻孔号、测斜位置深度、方位角、倾角，对于大部分矿业软件，倾角向上为正，少量软件倾角向下为正，注意及时调整。对于丢失记录文件的部分工程，可以从剖面图和平面图量取，有少量偏差，见表2-2。

表 2-2 钻孔测斜文件格式及示例

钻孔号	测斜深度	方位角	倾角（向下为正）
BHID	AT	BRG	DIP
ZK1-1	0	0	90
ZK1-1	50.3	0	90

2.3.2.3 样品分析文件（ASSAY 表）

分析表必须包括钻孔号、取样位置、分析结果，也可加入样长、样号等，见表 2-3。

表 2-3 样品分析文件格式及示例

钻孔号	取样自	取样	样长	分析元素	样号
BHID	FROM	TO	LENGTH	Au	SMPID
ZK1-1	20.2	21.2	1	0.03	H1
ZK1-1	21.2	22.2	1	0.03	H2

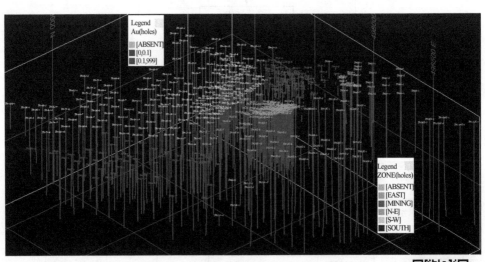

图 2-7 钻孔三维形态及分布示意图

扫一扫查看彩图

2.3.3 地表模型

地表 DTM（Digital Terrain Model）模型也称为数字高程模型 DEM（Digital Elevation Model），是利用大量选择的已知 x、y、z 的坐标点对连续地面的一种模拟表示，是地形表面形态属性信息的数字表达，是带有空间位置特征和地形属性特征的数字描述。

矿业项目中一般采用地表地形线形成，也可采用地形测量结果，或钻孔定位测量结果。地表模型的完整性和精度对矿床建模非常重要，尤其是针对拟定露天开采的矿床，地表模型对矿体延伸和采剥量估算影响较大，因此地质建模中应首先建立地表模型，配合钻孔数据库，对矿床整体情况有所了解。另外对在产矿山应建立不同时期的地表模型，及时、准确了解现状，反映不同时期的差异。地表DTM模型示意图如图2-8所示。

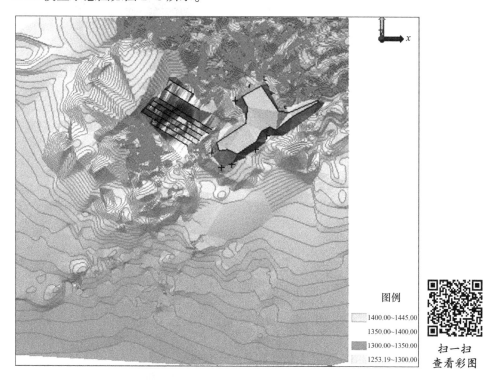

图 2-8　地表 DTM 模型示意图

2.3.4　岩性模型

岩性模型是地质解译结果的三维体现，能准确反映矿体赋存条件，对矿体圈定至关重要，应在圈矿之前完成。对于地层控制的矿床，可以按照地层分布建立模型，如图2-9所示。

2.3.5　断层模型

断层系统往往对矿体有破坏作用，准确界定断层形态、位置、宽度对矿化域的确定很重要，直接影响了进行地质统计分析的样品分布范围，进而在断层切割的不同的域内估值，避免参数计算错误或估值出现偏差。断层模型示意图如图2-10所示。

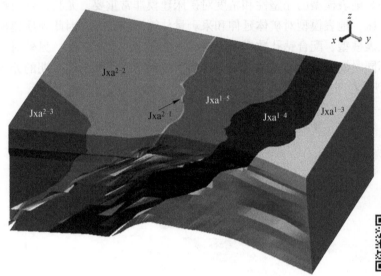

扫一扫
查看彩图

图 2-9　地层或岩性模型示意图

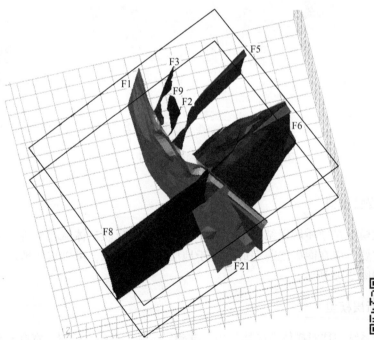

扫一扫
查看彩图

图 2-10　断层模型示意图

2.4 地质建模示例研究

2.4.1 一般矿床

对某金矿床采用隐式建模的方式建立矿化域模型，采用距离幂次反比法金品位估值，符合一般矿床建模流程。

2.4.1.1 矿化域划分

目前较为常用的为显式建模，即在三维可视化环境下，通过人工交互进行线框连接，所见即所得地建立三维模型。显式建模的经典方法是基于序列勘探线剖面的矿体轮廓线连接法，在国内外主流矿业建模软件中普遍采用。但显式建模方法的整个建模过程需要大量手工交互，对于数量多、形态复杂的矿体，该方法效率较低的局限性也逐渐突显出来，更重要的是，建模结果往往存在三角形交叉等拓扑错误，需要后期校验和修正；构建的模型表面粗糙、棱角尖利，可视化效果较差；尽管该方法便于融入建模者的经验，但存在经验水平及理解差异，易造成模型的多解性与不确定性；此外，当建模数据发生局部变动时，需要建模人员重新解释数据、圈定剖面与连接建模，因而模型更新步骤繁多，过程复杂。

相对于显式建模，隐式建模是指基于空间采样数据，通过空间插值构建三维实体表面的隐式函数表达。为实现三维模型的计算机可视化，需通过多边形网格化方法得到实体模型的显式面模型。隐式建模方法可以自动插值空间采样数据，不需要人工交互即可直接构建出符合采样数据的空间曲面，建模自动化程度较高。近年来，隐式建模技术在矿体三维建模领域开始逐步应用，并在多款矿业软件中嵌入单独的运算程序。

根据某金矿的矿化特征和勘探钻孔分布情况，矿化分布密集，不可避免地存在矿体三角网交叉问题，现有钻孔分布较为规则，绝大部分钻孔间距在控制间距以内，具备成熟运用隐式建模的条件，并可为矿山生产运营期间模型更新提供便利，本次资源估算采用 Datamine 软件中的 IsoShell 功能进行矿化域自动圈定。考虑到矿体走向不完全垂直于勘探线，且矿体有少量偏离勘探线，长度设置还是100m。矿化域圈定参数表见表 2-4。

表 2-4 矿化域圈定参数表

域参数	旋转角度			旋转轴			搜索参数		
	1	2	3	1	2	3	1	2	3
$Au=0.1$	60	−35	0	3	2	3	100	100	20

通过将形成的矿化域与钻孔取样结果对比，对三角网间距参数进行优化选

择，考虑软件运行时间，最终选择三角网间距参数为10。三角网参数优化对比如图2-11所示。

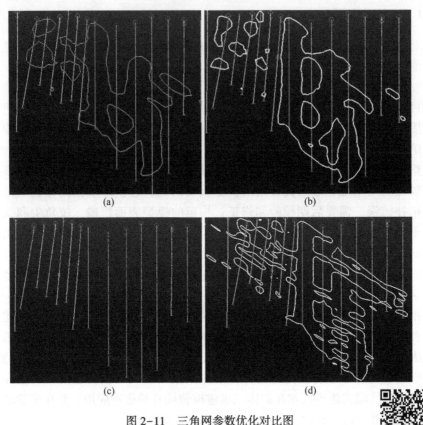

图 2-11 三角网参数优化对比图

（a）三角网间距参数 = 35；（b）三角网间距参数 = 25；
（c）三角网间距参数 = 15；（d）三角网间距参数 = 10

扫一扫查看彩图

F1断层分割了5个有矿化的地层单元，故而进行共10个区域内的矿化域生成，其分布特征如图2-12所示。

为了方便软件辨识，将地层区域名称与矿化域模型名称进行变换对应，见表2-5。

表 2-5 地层与矿化域对应表

地　层	矿化域
F1 断层以西 Jxa$^{1-3}$	1 号域（Group1）
F1 断层以东 Jxa$^{1-3}$	2 号域（Group2）
F1 断层以西 Jxa$^{1-4}$	3 号域（Group3）

地 层	矿化域
F1 断层以东 Jxa^{1-4}	4 号域（Group4）
F1 断层以西 Jxa^{1-5}	5 号域（Group5）
F1 断层以东 Jxa^{1-5}	6 号域（Group6）
F1 断层以西 Jxa^{2-1}	7 号域（Group7）
F1 断层以东 Jxa^{2-1}	8 号域（Group8）
F1 断层以西 Jxa^{2-2}	9 号域（Group9）
F1 断层以东 Jxa^{2-2}	10 号域（Group10）

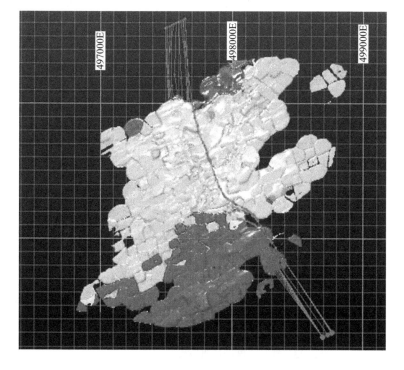

扫一扫
查看彩图

图 2-12　矿化域模型与断层分布图

2.4.1.2　样品组合

矿体品位估值的基础是空间样品点，这些样品点在空间上应具有相同的支撑。但原始样品在空间上以样品间隔的形式存在，且长度不完全相同，因此不适合直接用于品位估值，需要进行样品组合。样品组合的目的是将原始数据中不等长样品段处理为具有相同支撑的样品点。样品组合长度的选择应保证最大限度地保留原始样品信息。样品长度基本统计表见表 2-6。样品长度统计直方图如图 2-13 所示。

表 2-6 样品长度基本统计表

名 称	项 目	VALUE 值
Total Records	总数据量	153826
No. of Values>Trace	有效数据	153826
Minimum	最小值	0.07
Maximum	最大值	23.03
Range	范围	22.96
Total	合计	158819.54
Mean	平均值	1.032
Geometric Mean	几何平均值	1.026

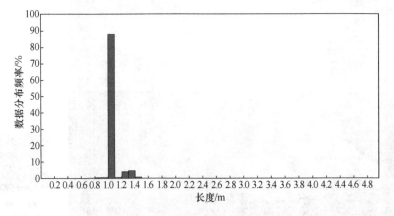

扫一扫
查看彩图

图 2-13 样品长度统计直方图

从样品长度统计分析来看，样品长度绝大部分为 1m，为了最大程度地保证组合样品位与原样品分析结果基本一致，本次采用 1m 进行样品组合。

2.4.1.3 数据分析

对各矿化域内的样品进行对数统计分析，统计表见表 2-7，各矿化域内的样品分布特征如图 2-14 所示。

表 2-7　各矿化域样品统计表

名称	第1组	第2组	第3组	第4组	第5组	第6组	第7组	第8组	第9组	第10组
样品数	291	3252	12816	17150	15147	11229	40	14	4749	20
最小值	0.01	0	0	0	0.01	0	0.035	0.03	0.01	0.095
最大值	6.343	10.81	33.821	42.16	27.016	8.835	4.267	0.408	15.394	0.12
平均值	0.218	0.287	0.4	0.515	0.29	0.36	0.25	0.155	0.213	0.107
方差	0.255	0.399	0.793	1.35	0.413	0.612	0.44	0.016	0.256	0
标准差	0.505	0.631	0.891	1.162	0.643	0.783	0.663	0.128	0.506	0.007
变异系数	2.312	2.201	2.226	2.255	2.217	2.171	2.656	0.827	2.373	0.064
偏度	8.579	6.784	8.936	9.748	9.691	5.028	5.552	0.902	14.497	0.216
几何平均	0.122	0.138	0.165	0.175	0.125	0.136	0.11	0.108	0.12	0.107

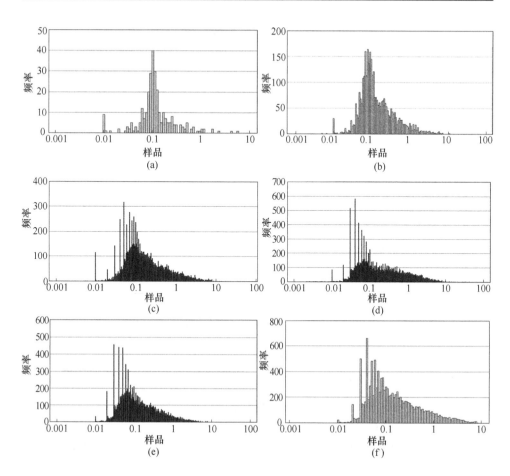

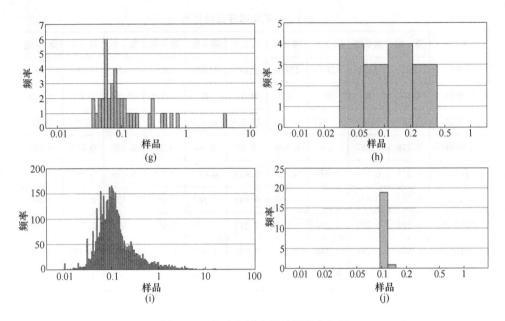

图 2-14 各矿化域内样品统计直方图

(a) 第 1 组样品频率分布图；(b) 第 2 组样品频率分布图；(c) 第 3 组样品频率分布图；
(d) 第 4 组样品频率分布图；(e) 第 5 组样品频率分布图；(f) 第 6 组样品频率分布图；
(g) 第 7 组样品频率分布图；(h) 第 8 组样品频率分布图；(i) 第 9 组样品频率分布图；
(j) 第 10 组样品频率分布图；

2.4.1.4 块体模型

为对矿床进行资源量估算，要把矿化体划分成若干个大小相同的块，通过模型中已知的样品点品位，选用合适的方法对其进行空间估值，使每个块都对应相应的一个品位值，最终生成品位模型。块体模型覆盖整个矿区，块体大小根据矿体形态特征确定，并充分考虑矿体最小可采厚度、夹石剔除厚度、开采方式等因素。块体模型参数见表 2-8。

表 2-8 块体模型参数

起点坐标			块尺寸			块个数		
x_{MORIG}	y_{MORIG}	z_{MORIG}	x_{INC}	y_{INC}	z_{INC}	N_x	N_y	N_z
496000	4448000	550	8	8	8	438	375	119

采用各范围的矿化域线框文件，从原始模型中约束出各矿化域内的块模型，采用各矿化域内的样品点对各矿化域内的块模型进行品位估值。

2.4.1.5 品位估值

利用 Datamine 软件对金矿资源进行了圈定和资源量估算，采用的是距离反比加权法（IDW）。根据矿床中矿化总体方向，走向北东 60°，无倾伏角，倾南东，倾角 35°，采用的参数见表 2-9。限定每孔最多样品为 5 个。搜索椭球体示意图如图 2-15 所示。

表 2-9　搜索椭球体及估值参数表

搜索距离			旋转角度			旋转轴		
1	2	3	1	2	3	x	y	z
50	50	10	60	−35	0	3	2	3
第一次搜索			第二次搜索			第三次搜索		
系数	最小样数	最大样数	系数	最小样数	最大样数	系数	最小样数	最大样数
1	6	20	2	6	20	3	4	20

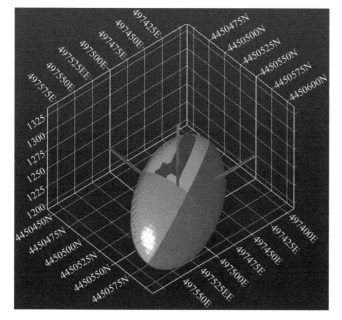

SREFNUM*	1
SANGLE1	60
SANGLE2	−35
SANGLE3	0
SAXIS1	3
SAXIS2	2
SAXIS3	3
SDIST1	50
SDIST2	100
SDIST3	20
XCENTRE	497500
YCENTRE	4450500
ZCENTRE	1300
PRINT	0

扫一扫
查看彩图

图 2-15　搜索椭球体示意图

2.4.1.6　可靠性验证

为了对估值结果进行可靠性验证，本次资源估算后进行了平均品位对比、剖面可视化验证和趋势验证。

各矿化域样品与模型平均品位对比来看，如图 2-16 所示，主要矿化域 Group3~6 内的平均品位基本一致；剖面可视化验证可以看出，如图 2-17 所示，圈定的矿化域和估值结果与钻孔取样分析结果一致性很好；趋势验证结果表明在 x 方向和 y 方向上模型估算结果与样品平均品位趋于一致，尤其是在矿化较为集中的区域，模型估算结果更平滑。东西方向上模型与样品品位趋势验证，如图 2-18 所示。南北方向上模型与样品品位趋势验证，如图 2-19 所示。

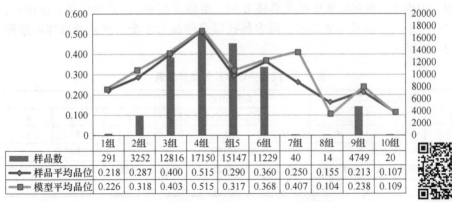

	1组	2组	3组	4组	组5	6组	7组	8组	9组	10组
样品数	291	3252	12816	17150	15147	11229	40	14	4749	20
样品平均品位	0.218	0.287	0.400	0.515	0.290	0.360	0.250	0.155	0.213	0.107
模型平均品位	0.226	0.318	0.403	0.515	0.317	0.368	0.407	0.104	0.238	0.109

图 2-16 各矿化域内样品与模型品位对比图

扫一扫
查看彩图

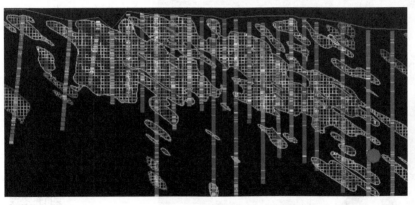

图 2-17 剖面可视化验证

扫一扫
查看彩图

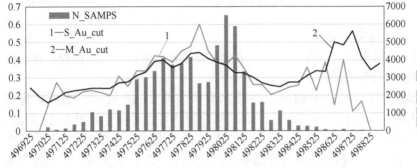

图 2-18 EAST 方向上模型与样品品位趋势验证

扫一扫
查看彩图

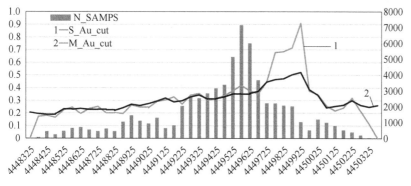

图 2-19　南北方向上模型与样品品位趋势验证

2.4.2　层状矿床

针对南非某铂金矿极薄矿体，采用分块三维地质建模方法，把复杂的三维地质建模区域分解为内部构造相对简单的建模块或建模地质单元，提高地质体建模与矿体实体模型吻合度。

根据矿层的矿化特征，高品位的 4E 矿化（Pt、Pd、Rh 和 Au）主要集中在 MR 矿层的 M1PX 和 M2PEG 子层，以及 UG2 矿层的 UG2A 和 UG2B 子层，4E 品位一般高于 2g/t。围岩和矿层之间品位呈截然变化关系，因此很容易确定矿层位置。但是根据采矿方法，矿层最小可采厚度不应低于 1m。因此对于真厚度不足 1m 的矿层在圈定时需要带入顶底板的围岩。由于个别钻孔的见矿厚度小，圈定矿层厚度时围岩带入多，导致平均品位较低，矿体解译和资源量估算时没有将其作为夹石剔除，这保证了矿层的连续性和完整。因此在矿体圈定过程中没有采用传统意义上的边界品位控制矿层边界。

单工程样品组合是以 MR 和 UG2 两个矿层为单位各组合为 1 个组合样。组合样的品位是按照原始样品的体重和样长加权平均求得。

MR 矿层矿化主要集中在 M1PX 和 M2PEG 两个子层，子层之间一般没有无矿夹层，可以根据样品品位选择原始样进行组合，同时保证组合样的真厚度不小于 1m。

UG2 矿层存在单层和多层两种矿化类型。当 UG2A 和 UG2B 两个含矿层之间不存在无矿夹层，或夹层厚度小于 30cm 时，则将其包含在组合样中计算平均品位。若无矿夹层大于 30cm，则不考虑 UG2A 矿层，仅组合 UG2B 矿层。不论上述哪种情况，如果组合样的真厚度不足 1m，则需要根据情况带入顶底板围岩。

需特别说明的是，每个勘探钻孔不仅施工了主孔，还在主孔内施工了多个偏斜孔。偏斜孔是在主孔内接近矿层的位置改变钻孔的倾角重新施工一个分支钻孔，似倒树权状。偏斜孔穿过矿层的位置距离主孔一般不大，同样对岩心进行取样分析。在对每个主孔样品进行组合时，偏斜孔对应位置的样品也按照体重和样长加权参与组合样品位的计算。组合样的真厚度也是主孔和偏斜孔中组合样真厚度的平均值。这种钻探和样品组合方式使组合样代表性更好。

根据各见矿钻孔中含矿子层 M2PEG 和 UG2B 的底部位置建立 MR 和 UG2 矿层的面状模型。该模型能够正确反映矿层在三维空间的位置和形态，并被用于之后块体模型的定位。矿体及地表模型如图 2-20 所示。

扫一扫
查看彩图

图 2-20　矿体及地表模型

2.4.2.1　块体模型

块体模型的建立分为以下几个步骤：

（1）根据矿层在平面上的分布范围分别创建了 MR 和 UG2 矿层的二维块模型（将块模型投影到 xy 平面）。母块尺寸 $50m(x) \times 250m(y)$，子块尺寸 $10m(x) \times 50m(y)$。

（2）将之前完成的组合样点也投影到对应的平面上，使用组合样的真厚度、体重和各元素品位对块体进行插值。

（3）插值完成后，每个块体的真厚度值被指定为块体 z 方向的尺寸，形成三维块体。

（4）将每个块的质心点投影到相应矿层的面状模型上，完成块体模型在三维空间的定位。

这种建模和估值的方式特别适合这种产状变化的薄层状矿体。因为软件在插值中设定的搜索椭球体产状是固定的，而矿体的倾角是逐渐变化的。将块体和样品点放在一个二维平面上进行插值有效避免了产状变化引起的困难。

2.4.2.2 插值方法和参数选择

采用距离平方反比法进行厚度、体重和品位的插值。根据铂金矿矿床的类型和成因，可以认为矿层的矿化为各向同性；其次样品的数量和密度也不利于变异函数分析和拟合。采用距离平方反比法插值的搜索参数，见表2-10。

表 2-10　距离平方反比法插值的搜索参数

搜索次数	最少样品数	最多样品数	MR 层搜索半径/m	UG2 层搜索半径/m
1	3	10	250	250
2	3	10	750	1000
3	3	10	5500	5500

第三次搜索半径很大是为了将圈定的矿层范围内所有块都赋予相应的值。后续资源量分类与搜索次数对应，在第一次搜索时被插值的块为 Measured（探明的），第二次为 Indicated（控制的），第三次为 Inferred（推断的）。

2.4.2.3 结果的验证

采用两种方式对块体模型品位插值结果的验证：

（1）目视检查。即在三维软件中通过选取一定数量的剖面来检查块体和样品点品位在空间上的分布上是否一致。

（2）通过比较块模型整体的平均品位和组合样的平均品位保证品位插值在整体上没有偏差。

2.4.3　多层脉状矿床

2.4.3.1　多层矿脉分采和混采条件下技术经济分析

技术经济分析的基础是合理可行的开发方案，开发方案的确立和优化又依据可靠的矿床资源模型。因此首先在三维软件平台的基础上，将矿区现有钻探工程、井巷工程的编录和取样分析结果形成空间品位分布模型，在研究矿区控矿因素的基础上，建立矿区岩性、构造模型，确定矿脉与各地质要素的分布关系，进而理顺多层矿脉的空间展布特征和品位分布特征。然后基于现有经济技术条件计算企业盈亏平衡或一定收益水平下的开采品位，确定分采和混采的最优边界，选择合适的采矿方法，计算分采和混采方案中各自的采出矿量、出矿品位、投资及成本等参数，动态分析各方案条件下的经济效益，最终选择合理的圈矿和开采方案。

2.4.3.2　采矿方法对应的经济合理工业指标

采矿方法会影响矿山开发的经济效益，而不同的工业指标又会决定选择何种采矿方法是最优的。在建立矿床三维品位分布模型的基础上，可大致确定采矿方法的选择范围，依据矿山技术条件和市场因素，计算边界品位、工业品位等矿床工业指标的内容，考虑一定的波动系数，结合采矿方法条件下的可采厚度和夹石剔除厚度，试圈多套指标体系下圈定的矿脉，并反向验证采矿方法对圈定矿脉的适应性，多次试圈试算后即可确定最优的工业指标和最佳的采矿方法，实现采矿方法和矿床工业指标的耦合适配。

2.4.3.3 深部主矿体最优经济可采厚度的圈定

深部主矿体的开发能延长矿山服务年限，实现矿产资源合理开发利用，但因其埋藏深、开采技术难度增加、开采成本增大等因素，确定最优的经济开采厚度尤为重要。针对深部主矿体的品位和空间分布特征，在沿用上部开采方法的基础上，采用预测的矿产品价格，折合多金属品位为一种主元素的综合品位，分别计算一系列波动价格下的工业指标，在不同的指标下圈定矿体的厚度，形成不同条件下矿体经济开采厚度嵌套式分布特征，以适应开采条件、市场、成本等因素变化时及时选择经济合理的开采范围，实现多层、多金属矿体经济可采厚度动态圈定。

2.5 本章小结

本章分别对几何法、SD 法、三维空间法三种地质资源估算方法进行了介绍，分析了地质统计学发展与应用现状，对三维地质建模流程进行研究和优化。结合一般矿床、层状矿床、多层脉状矿床三种类型，利用三维建模及其可视化技术对地质数据进行描述、重构，并在三维空间显示，实现了地质三维建模可视化。

3 采场结构参数数字化优选

3.1 引言

采用合理的采场结构参数是控制地压危害、实现矿体安全高效开采的重要措施。采场结构参数与采场生产能力、采空区稳定性和矿石的回收率密切相关，且要求矿山装备水平和开采技术工艺与之相适应。选用合理的采场结构参数，可以减少采准切割工程量和矿石贫化、损失率，从而降低矿山生产成本，促进矿山安全高效生产，使矿山整体经济效益得以提高。

影响采场结构参数的因素十分复杂，参数优化选择是一个涉及多层次、多因素、多目标、多指标的决策过程，传统的经验法采用工程类比法对采场结构进行定性分析，缺乏对实际工程经济指标的定量分析，并且主观性因素较多。数值模拟方法则只能针对矿山地压而进行稳定性分析，通过数值模拟手段来优化采场结构参数，但无法直接考虑经济效能因素。传统优化方法往往要求有一个明确的数学表达式，这往往是不现实的。有关学者将遗传算法应用于采场结构参数的优化，但在利用遗传算法求解时，需要定义一个目标函数，其目标函数只考虑了采场结构的稳定性因素，主要从安全角度出发，没有兼顾实际工程的技术和经济等因素，使优化决策不够全面。

3.2 采场结构参数 AHP-Fuzzy 优化

AHP-Fuzzy 法是将层次分析法（AHP）和模糊数学（Fuzzy）有机地结合起来，建立采矿方案综合指标体系，对复杂决策问题的影响因素进行深入分析后，将决策问题的有关元素分解成目标、准则、方案等层次，构建一个层次模型和符合各评判属性特点的隶属度函数，并结合模糊综合评价方法，建立了多准则、多因素决策的综合评价模型。把决策的思维过程数学化，在此基础上进行定性和定量分析。该方法避免了传统决策方法的片面性和主观性差异所引起的决策失误，能提供更为科学、合理、贴近工程实际情况的判断。

3.2.1 AHP-Fuzzy 综合评价法原理

AHP-Fuzzy 综合评价法是指利用层次法构建评价指标体系，对每一层次的各要素进行两两比较，按重要性标度建立判断矩阵，通过计算判断矩阵的最大特征值及其相应的特征向量得到权重向量，利用模糊理论建立评价指标集到评价集的模糊映射，计算评价指标对评价方案的隶属度矩阵，并最终得到评价结果。

在模糊综合评判法中，由于各因素的重要程度不同，需要区别反映各因素的重要程度，因此，需要对各因素赋予一定的权重 $w_i(i=1,2,3,\cdots,n)$，构成归一化权重集为

$$W_i = (w_1,\ w_2,\ w_3,\ \cdots,\ w_n) \tag{3-1}$$

隶属度矩阵 R 由定量指标和非定量指标的隶属度确定，定量指标的隶属度由隶属函数法确定，非定量指标的隶属度采用相对二元比较法确定。定量指标可以分为收益性指标与消耗性指标，相对隶属度公式如下：

对于收益性指标，指标越大越好，收益性指标公式为

$$r_{ij} = y_{ij}/\mathrm{max}y_{ij} \quad (i,\ j=1,\ 2,\ \cdots,\ n) \tag{3-2}$$

对于消耗性指标，指标越小越好，消耗性指标公式为

$$r_{ij} = \mathrm{min}y_{ij}/y_{ij} \quad (i,\ j=1,\ 2,\ \cdots,\ n) \tag{3-3}$$

最后由因素权重 W 和隶属度矩阵 R，可得方案集 A 的综合评价 V 为

$$V = WR = (w_1,\ w_2,\ w_3,\ \cdots,\ w_m)\begin{bmatrix} r_{11} & \cdots & r_{1n} \\ \vdots & \ddots & \vdots \\ r_{m1} & \cdots & r_{mn} \end{bmatrix}$$

$$= (v_1,\ v_2,\ v_3,\ \cdots,\ v_n) \tag{3-4}$$

式中，$v_j = \sum\limits_{k=1}^{m} w_k r_{kj}$，表示方案 A_j 的综合优越度，各元素 $v_j(j=1,\ 2,\ \cdots,\ m)$ 即代表各种可能的总评判结果。在方案评选中，根据方案的综合优越程度对方案集 A 进行排序。

3.2.2 工程实例应用

某铜矿已探明铜金属储量为 131 万吨。随着露采的加深，开采条件不断恶化，为使矿山持续稳产，采用地下—露天联合开采方案。为此，需进行地下开采的设计和建设工作。Ⅱ号矿体属缓倾斜中厚矿体，矿体厚度大于 15m，矿体倾角为 40°~50°，矿岩属中等稳固到稳固，矿石品位低。根据矿体的赋存条件和矿岩稳固性特性，适合开采技术条件为分段空场嗣后充填采矿法。该方法联合集空场法与充填法于一体，它充分利用了两种方法的优点，在开采中能最大限度地保证矿山安全。根据该铜矿的具体地质条件，回采顺序为先采矿柱，采完矿柱后进行胶结充填，然后再采矿房，矿房采用尾砂充填。针对此法中存在的诸多定性和定量因素，利用 AHP-Fuzzy 法对采场的结构参数进行优化。

为了使地下开采更安全、高效，针对该铜矿的地质情况和开采条件，提出 4 种矿房、矿柱结构参数，见表 3-1。各方案综合评价指标体系见表 3-2。

表 3-1 结构参数备选方案

结构参数	方案 1	方案 2	方案 3	方案 4
矿房宽度/m	20	18	27	30
矿柱宽度/m	10	12	18	15
盘曲宽度/m	90	90	90	90
盘曲划分矿块数	3	3	2	2
底部充填灰沙比	1:4	1:4	1:4	1:4
上部充填灰沙比	1:10	1:10	1:8	1:8

表 3-2 方案综合评价指标体系

项 目		方案 1	方案 2	方案 3	方案 4
准则层	指标层				
B_1	C_1/元·m^{-3}	3.55	3.55	2.55	2.55
	C_2/万元	292.9	321.5	347.6	314.6
B_2	C_3	一般	较好	一般	较差
	C_4	1	1.1	1.2	1.2
B_3	C_5	较好	较好	稍好	稍好
	C_6	20	18	27	30
	C_7	一般	一般	稍大	较大
	C_8	较易	较易	一般	一般

3.2.3 开采结构参数优化

建立层次结构模型是 AHP-Fuzzy 中的关键步骤, 其过程中先确定目标影响因素, 然后找出其子因素, 形成多层次评价模型。本次采矿方法的参数层次结构模型包括目标层 (A)、准则层 (B)、指标层 (C)。

3.2.3.1 阶梯结构模型

分段空场嗣后充填法结构参数层次模型包括目标层: 最优结构参数 (A); 准则层: 经济指标 (B_1)、安全因素 (B_2)、技术指标 (B_3); 指标层: 凿岩成本 (C_1)、充填成本 (C_2)、充填后稳定性 (C_3)、矿块生产能力 (C_4)、赋存条件对参数的影响 (C_5)、块度分布对落矿的影响 (C_6)、含水率对落矿的影响 (C_7)、施工难易程度 (C_8), 如图 3-1 所示。

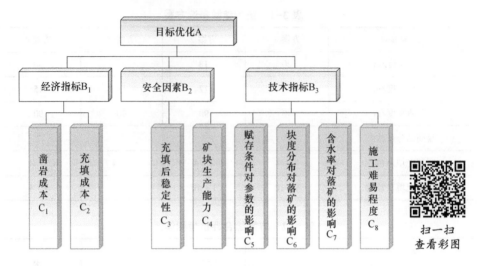

图 3-1   分段空场嗣后充填法层次结构模型

3.2.3.2   指标权重确定

建立层次结构模型后，采用 Satty 提出的 1~9 及其倒数表读法，将两两因素之间的比值判定后构成判定矩阵，对每个子因素的相对重要性赋予权值，见表 3-3。

表 3-3   因素重要性判定标度法

标度	语气定义	备　注
1	同样重要	因素 x_i 与 x_j 重要性相同
3	稍微重要	因素 x_i 的重要性稍高于 x_j
5	明显重要	因素 x_i 的重要性明显高于 x_j
7	强烈重要	因素 x_i 的重要性强烈高于 x_j
9	绝对重要	因素 x_i 的重要性绝对高于 x_j

注：因素 x_i 与 x_j 相比定义为 B_{ij}，则 $1/B_{ij}=x_j/x_i$；2、4、6、8 分别为上述判别的中间值。

目标层对应于准则层 **A-B** 因素的判断矩阵见表 3-4。

表 3-4   A-B 判断矩阵

A	B_1	B_2	B_3	权重向量	归一化权重
B_1	1	1/2	1/2	2	0.19
B_2	2	1	1/2	3.5	0.33
B_3	2	2	1	5	0.48

判断矩阵是凭经验决定的，一般受主观因素影响很大。为防止判断矩阵偏离一致性，以致影响最终决策，需要对特征值 λ_{max} 进行一致性检验，其中，一致性检验指标见表 3-5。

表 3-5 不同阶数矩阵重复 1000 次的平均一致性指标

判断矩阵阶数	1	2	3	4	5	6	7	8	9	10
R_{IA}	0.00	0.00	0.52	0.89	1.12	1.26	1.36	1.41	1.46	1.49

对于给定的判断矩阵 $A = (a_{ij})_{n \times n}$，当 $C_{RA} = C_{IA}/R_{IA} < 0.1$ 的时候，认为矩阵的一致性是可以接受的，否则，需要重新调整判断矩阵，直至满足一致性检验为止，其中 C_{RA} 为判断矩阵一致性比率，C_{IA} 为一致性指标，R_{IA} 为随机一致性指标。

判断矩阵是否满足一致性要求的过程中，首先需要求出矩阵的最大特征值，按式（3-5）和式（3-6）求得

$$\omega_i' = \frac{1}{n} \sum_{j=1}^{n} \frac{a_{ij}}{\sum\limits_{k=1}^{n} a_{kj}} \quad (i = 1, 2, \cdots, n) \tag{3-5}$$

以 $W' = (\omega_1', \omega_2', \cdots \omega_n')^T$ 作为判断矩阵的权重向量，由 $\sum\limits_{j=1}^{n} a_{ij}\omega_j' = \lambda_i \omega_i'$（$i = 1, 2, \cdots, n$），可以取

$$\lambda_{maxA} \approx \frac{1}{n} \sum_{i=1}^{n} \frac{\sum\limits_{j=1}^{n} a_{ij}\omega_j'}{\omega_i'} \tag{3-6}$$

根据各因素权重，得 A-B 因素的判断矩阵特征值 $\lambda_{maxA} = 3.054$。

$$C_{IA} = \frac{-1}{n-1} \sum_{i=2}^{n} \lambda_i = \frac{\lambda_{maxA} - n}{n-1} = \frac{3.054 - 3}{3-1} = 0.027 \tag{3-7}$$

又查表 3-5 得 $R_{IA} = 0.52$，所以 $C_{RA} = C_{IA}/R_{IA} = 0.027/0.52 = 0.052 < 0.1$。

可知该判断矩阵满足一致性检验要求，归一化权重 A-B = [0.19, 0.33, 0.48] 可以接受。

同理，可确定各二级评价指标的权重系数见表 3-6 和表 3-7。

表 3-6 B_1-C 判断矩阵

B_1	C_1	C_2	权重向量	归一化权重
C_1	1	2	3	0.67
C_2	1/2	1	1.5	0.33

表 3-7 B_3-C 判断矩阵

B_3	C_4	C_5	C_6	C_7	C_8	权重向量	归一化权重
C_4	1	1	1/2	2	2/3	5.17	0.172
C_5	1	1	2	2	2/3	6.67	0.222
C_6	2	1/2	1	1	1/3	4.83	0.161
C_7	1/2	1/2	1	1	1/3	3.33	0.111
C_8	3/2	3/2	3	3	1	10	0.333

3.2.3.3 层次排序

层次单排序和总排序结果见表 3-8 和表 3-9。

表 3-8 层次单排序

排序层	权重向量	λ_{max}	C_I	R_I	C_R
$A-B$	[0.196, 0.311, 0.493]	3.054	0.027	0.520	0.052<0.1
B_1-C	[0.667, 0.333]	2	0	0	0
B_2-C	[1]	1	0	0	0
B_3-C	[0.18, 0.22, 0.16, 0.11, 0.33]	5.248	0.062	1.120	0.055<0.1

表 3-9 层次总排序

X	B			归一化权重
	B_1 (0.19)	B_2 (0.33)	B_3 (0.48)	
C_1	0.67			0.1273
C_2	0.33			0.0627
C_3		1		0.3300
C_4			0.172	0.0826
C_5			0.222	0.1066
C_6			0.161	0.0773
C_7			0.111	0.0533
C_8			0.333	0.1600

因此，可得影响采矿方案选择的归一化权重向量为 $W=($0.1273, 0.0627, 0.330, 0.0826, 0.1066, 0.0773, 0.0533, 0.1600$)$。

3.2.3.4 隶属矩阵确定

指标体系中 4 个定量指标的特征向量矩阵

$$
\boldsymbol{R}_{1,2,4,6} = \begin{bmatrix}
3.55 & 3.55 & 2.55 & 2.55 \\
292.9 & 321.5 & 347.6 & 314.6 \\
1 & 1.1 & 1.2 & 1.2 \\
20 & 18 & 27 & 30
\end{bmatrix}
$$

对特征向量矩阵进行规格化得

$$
\boldsymbol{R}_{1,2,4,6} = \begin{bmatrix}
0.718 & 0.718 & 1 & 1 \\
1 & 0.911 & 0.843 & 0.931 \\
0.833 & 0.917 & 1 & 1 \\
0.900 & 1 & 0.667 & 0.600
\end{bmatrix}
$$

指标体系中 4 个定性指标求其隶属矩阵

对于充填后稳定性，得特征向量矩阵

$$
\boldsymbol{e}_3 = \begin{bmatrix}
0.5 & 0.45 & 0.5 & 0.6 \\
0.55 & 0.5 & 0.55 & 0.7 \\
0.5 & 0.45 & 0.5 & 0.6 \\
0.4 & 0.3 & 0.4 & 0.5
\end{bmatrix}
\begin{bmatrix}
2 \\
3 \\
2 \\
1
\end{bmatrix}
$$

则隶属度矩阵 $\boldsymbol{R}_3 = [0.898, 1, 0.898, 0.682]$。

同理可得赋存条件对参数的影响隶属矩阵为

$$
\boldsymbol{R}_5 = [1, 1, 0.818, 0.727]
$$

含水率对落矿的影响隶属矩阵为

$$
\boldsymbol{R}_7 = [0.824, 0.824, 0.960, 1]
$$

施工难易程度隶属度矩阵为

$$
\boldsymbol{R}_8 = [1, 1, 0.813, 0.813]
$$

综合隶属度矩阵为

$$
\boldsymbol{R} = \begin{bmatrix}
0.718 & 0.718 & 1 & 1 \\
1 & 0.911 & 0.843 & 0.931 \\
0.898 & 1 & 0.898 & 0.682 \\
0.833 & 0.917 & 1 & 1 \\
1 & 1 & 0.818 & 0.727 \\
0.900 & 1 & 0.667 & 0.600 \\
0.824 & 0.824 & 0.960 & 1 \\
1 & 1 & 0.813 & 0.813
\end{bmatrix}
$$

3.2.3.5 最优方案确定

由以上确定的权重向量和指标隶属度矩阵可得方案集合 A 的综合评判向量为

$$V = WR = (0.8945,\ 0.9421,\ 0.8791,\ 0.8006)$$

综上可得各方案的综合优越度为：方案 1，89.45%；方案 2，94.21%；方案 3，87.91%；方案 4，80.06%；94.21% > 89.45% > 87.91% > 80.06%，则方案的优劣次序依次为：方案 2，方案 1，方案 3，方案 4；方案 2 优于其他 3 个方案，故选方案 2。

所以确定参数为采场宽度 30m，其中，矿房宽度为 18m，矿柱宽度为 12m。沿矿体走向，每 90m 为一个生产盘区，每个盘区分为 3 个矿块。

3.3　采场结构 IVIFE-SPA-TOPSIS 数字化优选

采场结构参数选择是矿山生产中的重要环节和关键过程，直接关系到矿山能否高效开发、安全生产、资源集约利用等。选择最优的采场结构参数能够带来显著的经济效益、环境效益、社会效益。采场结构参数优选是一个复杂的系统工程，涉及多因素、多目标、多层次、多指标相互交叉等问题，它综合了大量复杂多样的定性及定量指标因素来判定评价对象的优劣性，评价方法是否合理直接影响到决策的正确性和科学性。因此，研究具有多理论、全方位的综合评价理论体系尤为必要，也是评价决策向精准化靠拢的内在要求。

目前，国内外研究将不确定分析理论应用到多属性决策中，常用的方法有模糊数学法、层次分析法（Analytic Hierarchy Process，AHP）、理想解法（Technique for Order Preference by Similarity to an Ideal Solution，TOPSIS）、神经网络法、熵权法、突变级数法（Catastrophe Progression Method，CPM）、灰色理论（Grey Relation Analysis，GRA）、云模型、贝叶斯网络、物元分析法等，这些方法应用到综合评价中取得了一定效果，但也存在一些不足。

传统的多属性决策评价方法往往采用单一理论，未考虑评价指标的区间模糊性，评价时一般仅考虑了评价集与比较集之间的隶属度，却忽略了它们之间的非隶属度和犹豫度的影响。确定权重的方法有主观法和客观法两类，主观赋权是根据专家经验数据确定，会带有一定主观性、片面性，客观赋权根据评价指标自身量化值确定权重，不依赖主观判断，但存在解释性差的缺点。国内有的学者利用两种方法的组合进行综合评价，国外一些学者将模糊集应用到多属性决策中，取得了一定的效果，但是这些研究大多是基于评价指标属性为定值，通常只考虑比较集的隶属度，且采用单一方法确定权重，鲜有对待评价方案从区间属性、非隶属性和犹豫性、权重确定的均衡性方面综合研究，这往往会导致评价指标的主客观权重的失衡、评价结果不够全面。

针对以往决策评价模型存在的不足，本书提出了区间直觉模糊熵-集对分析-理想解耦合的多属性综合评价模型（Interval Valued Intuitionistic Fuzzy Entropy-set Pair Analysis-TOPSIS，IVIFE-SPA-TOPSIS），基于区间模糊熵和集对分析理论, 将集对分析理论中的同、异、反三种特性分别与直觉模糊集的隶属度、非隶属度、犹豫度有效融合, 综合考虑了确定性与不确定性因素, 量化了评价集的关联度的区间值范围, 增强了对不确定信息的表达能力。此外, 引入博弈论思想改进了权重确定方法, 统筹考虑了主观和客观权重, 避免了以往单一类型方法确定权重的缺陷性, 并将灰色关联度与改进的 TOPSIS 模型结合起来, 计算各评价方案分别与正理想解、负理想解之间的灰色关联度, 使得备选方案的优劣性排序更具合理性和准确性。最后将新的评价模型应用于采场结构参数方案决策中, 确定了最优的采场结构参数方案, 获得了较为满意的效果, 评价结果更为全面、可靠。

3.3.1 构建 IVIFE-SPA-TOPSIS 评价模型

IVIFE-SPA-TOPSIS 模型以区间直觉模糊多属性决策的理论为基础, 将集对分析理论与模糊思想相结合, 对影响因素进行分解, 建立评价指标体系, IVIFE-SPA-TOPSIS 评价模型流程图, 如图 3-2 所示。对于评价指标, 无论是定量还是定性指标, 其量化取值往往不是一个定数, 多数情况下为区间数, 而 IVIFE 可以用区间数来表达这种特性; 对于评价集与比较集的关联度, 除了需要考虑两集合的相同性、相反性, 即同一度、对立度, 还需考虑既不完全相同又不完全相反的因素, 即差异度。集对分析 SPA 则考虑了两比较集的同一度、对立度、差异度。

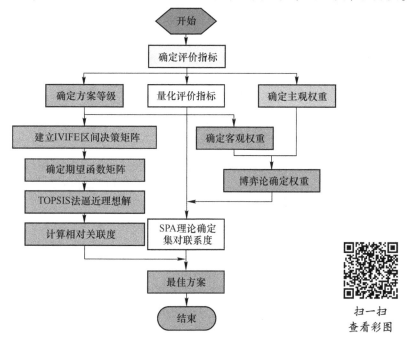

图 3-2 IVIFE-SPA-TOPSIS 评价模型流程图

在考虑上述因素后，利用 TOPSIS 模型对方案最终优劣情况进行排序，通过引入偏好度，兼顾考虑距离上和形态上的贴近度。结合层次分析法和变异系数法（Coefficient of Variation Method，CVM）确定的权重信息，引入博弈论思想改进权重确定方法，统筹考虑了主观和客观权重。以区间数来描述隶属度指标，计算区间直觉模糊决策矩阵，指标规范化后，再利用正、负理想解 TOPSIS 计算灰色关联度，最后将得到方案排序和评价结论。

3.3.1.1 区间直觉模糊熵（IVIFE）

设 X 是一个非空集合，则称 $\tilde{A} = \{x, \ \tilde{\alpha}_{\tilde{A}}(x), \ \tilde{\beta}_{\tilde{A}}(x) \,|\, x \in X\}$ 为区间直接模糊集，其中：$\tilde{\alpha}_{\tilde{A}}(x) \subset [0, 1]$，$\tilde{\beta}_{\tilde{A}}(x) \subset [0, 1]$，$x \in X$，且满足条件 $\sup\tilde{\alpha}_{\tilde{A}}(x) + \sup\tilde{\beta}_{\tilde{A}}(x) \leqslant 1$，$x \in X$。区间数 $\tilde{\alpha}_{\tilde{A}}(x)$ 和 $\tilde{\beta}_{\tilde{A}}(x)$ 分别表示 X 中的元素 x 属于 A 的同一度和对立度，计为

$$\tilde{\alpha}_{\tilde{A}}(x) = [\,\tilde{\alpha}_{\tilde{A}}^{L}(x), \ \tilde{\alpha}_{\tilde{A}}^{U}(x)\,], \ \tilde{\beta}_{\tilde{A}}(x) = [\,\tilde{\beta}_{\tilde{A}}^{L}(x), \ \tilde{\beta}_{\tilde{A}}^{U}(x)\,] \tag{3-8}$$

区间直觉模糊集 $\tilde{A}$ 为

$$\tilde{A} = \{x, \ [\,\tilde{\alpha}_{\tilde{A}}^{L}(x), \ \tilde{\alpha}_{\tilde{A}}^{U}(x)\,], \ [\,\tilde{\beta}_{\tilde{A}}^{L}(x), \ \tilde{\beta}_{\tilde{A}}^{U}(x)\,] \,|\, x \in X\} \tag{3-9}$$

称 $\tilde{\gamma}_{\tilde{A}}(x) = [\,\tilde{\gamma}_{\tilde{A}}^{L}(x), \ \tilde{\gamma}_{\tilde{A}}^{U}(x)\,]$ 为元素 x 属于 A 的差异度。其中：

$$\begin{cases} \tilde{\gamma}_{\tilde{A}}^{L}(x) = 1 - \tilde{\alpha}_{\tilde{A}}^{U}(x) - \tilde{\beta}_{\tilde{A}}^{U}(x) \\ \tilde{\gamma}_{\tilde{A}}^{U}(x) = 1 - \tilde{\alpha}_{\tilde{A}}^{L}(x) - \tilde{\beta}_{\tilde{A}}^{L}(x) \end{cases} \tag{3-10}$$

设 $\tilde{x} = ([a_1, \ b_1], \ [c_1, \ d_1])$ 为区间直觉模糊数，则期望函数 $E(\tilde{x})$ 定义为

$$E(\tilde{x}) = \frac{1}{2} \times \left(\frac{a_1 + b_1}{2} + 1 - \frac{c_1 + d_1}{2} \right) \tag{3-11}$$

精度函数 $H(\tilde{x})$ 定义为

$$H(\tilde{x}) = \frac{a_1 + b_1}{2} + \frac{c_1 + d_1}{2} \tag{3-12}$$

在区间直觉模糊多属性问题的决策中，若有 m 个备选方案，n 个属性，定义第 i 个方案第 j 个属性值为 a_{ij}，表示为 $a_{ij} = ([\alpha_{ij}^{L}, \ \alpha_{ij}^{U}], \ [\beta_{ij}^{L}, \ \beta_{ij}^{U}])$，其中：$i = 1, 2, \cdots, m$；$j = 1, 2, \cdots, n$，则第 j 个属性区间的直觉模糊熵 H_j 为

$$H_j = \frac{1}{m} \sum_{i=1}^{m} \frac{4 - [\,|\alpha_{ij}^{L} - \beta_{ij}^{L}| + |\alpha_{ij}^{U} - \beta_{ij}^{U}|\,]^2 + [\gamma_{ij}^{L} - \gamma_{ij}^{U}]^2}{8} \tag{3-13}$$

3.3.1.2 集对分析理论（SPA）

1989 年，我国学者赵克勤提出集对分析方法，其核心思想是运用对立统一的辩证观点，将确定性与不确定性相结合，从同、异、反三个方面综合、系统分析集成问题。有的学者将模糊数学、层次分析法、集对分析法、灰色关联分析法等应用到采空区评价过程中，层次分析法确定指标权重时一般根据专家的经验数据，因此会带有一定主观性、片面性。变异系数法是衡量指标中变异程度的一个统计量，随评价指标变化而权重动态变化的赋值方法，权重由根据方案间差异性

大小而动态变化,依靠评价指标本身量化值计算出决策权重。以往在利用集对分析评价多属性问题时,通常只考虑了评价对象与比较对象的同一度,忽略了它们之间对立度与差异度的影响,评价不够全面。为了统筹考虑同、异、反三中特性,将灰色关联分析应用在衡量因素间关联程度分析中,量化两比较系统之间的关系,可以有效地判断评价对象与比较对象的影响程度,因此,将灰色关联理论与集对分析理论结合起来,采用变异系数法确定评价指标权重,统一考虑评价对象与比较对象的同、异、反三个方面,解决研究对象的不确定性、模糊性,评价结果更为客观、全面。

集对是将具有一定关系的两个集合组成对子,将其看成系统分析的一个整体。对于任意两个给定的集合 A 和 B,可组成集对为 $H = (A, B)$,为将两集合的确定性与不确定性联系起来,采用表达式如下。

$$\mu_{(A, B)} = \frac{S}{N} + \frac{F}{N}i + \frac{P}{N}j = \alpha + \beta i + \gamma j \tag{3-14}$$

式中,μ 为联系度;N 为集对的特征数量;S 为集对中两集合相同特性的特征数;P 为集对中两集合相互对立的特征数;$F = N - S - P$,表示集对中两集合既不相同也不相对立的特征数,i 为差异度系数,$i \in [-1, 1]$;j 为对立度系数,一般取 $j = -1$;$a = S/N$、$b = F/N$、$c = P/N$ 分别称为同一度、差异度和对立度,其中 $\alpha + \beta + \gamma = 1$,且 α、β、γ 均为非负数。

联系度 μ 具有宏观、微观两个层次。参数 α 和 γ 定量表征了事物的同一与对立状态,介于同一与对立之间的不确定性可用 βi 来区分,其中参数 β 表征宏观意义上的不确定性,i 用来表征微观意义上的不确定性,在三个宏观参数 α、β、γ 确定后,需要对差异度系数 i 量化,代入式(3-14)可求得联系度 μ。

设评价数列为 $x_0(j)(j = 1, 2, \cdots, n)$,比较数列为 $x_i(j)$,它们关联系数为 $\mu_i(j)$,表达式为

$$\mu_i(j) = \frac{\min_i \min_j |x_0(j) - x_i(j)| + \xi \max_i \max_j |x_0(j) - x_i(j)|}{|x_0(j) - x_i(j)| + \xi \max_i \max_j |x_0(j) - x_i(j)|} \tag{3-15}$$

式中,ξ 为分辨系数,关联度表达式为

$$R_j = \frac{1}{n} \sum_{j=1}^{n} \mu_{ij} \tag{3-16}$$

3.3.1.3 IVIFE-SPA-TOPSIS 模型

联系度 $\mu = \alpha + \beta i + \gamma j$ 表征了集对内部集合之间的关系,由于 α、β、γ 非负且可以确定,μ 的大小取决于 i 取值。当两个集合趋于相同,i 的取值为大;当两个集合趋于相反,i 的取值为小。

对于多属性决策问题,设方案集 $A = \{A_1, A_2, \cdots, A_m\}$,其中 A_i 为第 i 个方案,$i = 1, 2, \cdots, m$;评价属性集 $B = \{B_1, B_2, \cdots, B_n\}$,其中 B_j 为第 j 个方案的属性,$j = 1, 2, \cdots, n$;属性权重向量 $w = \{w_1, w_2, \cdots w_n\}^T$,$w_j$ 为 B_j 的权重,

且满足 $\sum_{j=1}^{n} w_j = 1$。方案 A_i 在属性 B_j 的取值为区间模糊数 $\tilde{a}_{ij}$，则区间直觉模糊决策矩阵 $\tilde{A} = (\tilde{a}_{ij})_{m \times n}$。

步骤 1 根据计算的期望函数 $E(\tilde{a}_{ij})$ 的大小，将属性 B_j 的评价值 $\tilde{a}_{1j}$，$\tilde{a}_{2j}$，$\cdots$，$\tilde{a}_{mj}$ 进行排序，将最大值定义为 $\tilde{a}_i^+$，最小值定义为 $\tilde{a}_i^-$，确定正理想解 $\tilde{A}^+$ 和负理想解 $\tilde{A}^-$ 分别如下

$$
\begin{cases}
\tilde{A}^+ = \{\tilde{a}_1^+, \tilde{a}_1^+, \cdots, \tilde{a}_m^+\} = \{\max_i \tilde{a}_{i1}, \max_i \tilde{a}_{i2}, \cdots, \max_i \tilde{a}_{in}\} \\
\tilde{A}^- = \{\tilde{a}_1^-, \tilde{a}_1^-, \cdots, \tilde{a}_m^-\} = \{\min_i \tilde{a}_{i1}, \min_i \tilde{a}_{i2}, \cdots, \min_i \tilde{a}_{in}\}
\end{cases}
\tag{3-17}
$$

步骤 2 计算出方案 i 与正理想解 $\tilde{A}^+$ 及负理想解 $\tilde{A}^-$ 位置接近度分别为

$$
\begin{cases}
d_i^+ = \sqrt{\sum_{j=1}^{n}(\tilde{a}_{ij} - \tilde{a}_j^+)^2}, \; D_i^+ = \dfrac{d_i^+}{\max_i d_i^+} \\
d_i^- = \sqrt{\sum_{j=1}^{n}(\tilde{a}_{ij} - \tilde{a}_j^-)^2}, \; D_i^- = \dfrac{d_i^-}{\max_i d_i^-}
\end{cases}
\tag{3-18}
$$

步骤 3 依据定理 2 灰色关联度理论，求得各评价值 $\tilde{a}_{ij}$ 与正、负理想解的关联系数分别为

$$
\begin{cases}
\mu_{ij}^+ = \dfrac{\min_i \min_j d(\tilde{a}_{ij}, \tilde{a}_j^+) + \xi \max_i \max_j d(\tilde{a}_{ij}, \tilde{a}_j^+)}{d(\tilde{a}_{ij}, \tilde{a}_j^+) + \xi \max_i \max_j d(\tilde{a}_{ij}, \tilde{a}_j^+)} \\
\mu_{ij}^- = \dfrac{\min_i \min_j d(\tilde{a}_{ij}, \tilde{a}_j^-) + \xi \max_i \max_j d(\tilde{a}_{ij}, \tilde{a}_j^-)}{d(\tilde{a}_{ij}, \tilde{a}_j^-) + \xi \max_i \max_j d(\tilde{a}_{ij}, \tilde{a}_j^-)}
\end{cases}
\tag{3-19}
$$

步骤 4 结合属性权重向量，解得各方案与正、负理想解的关联度分别如下

$$
\begin{cases}
\mu_i^+ = w_1 \mu_{i1}^+ + w_2 \mu_{i2}^+ + \cdots + w_n \mu_m^+ \quad (i = 1, 2, \cdots, m) \\
\mu_i^- = w_1 \mu_{i1}^- + w_2 \mu_{i2}^- + \cdots + w_n \mu_m^- \quad (i = 1, 2, \cdots, m)
\end{cases}
\tag{3-20}
$$

各方案与正理想解的相对关联度如下

$$
\mu_i = \frac{\mu_i^+}{\mu_i^+ + \mu_i^-} \quad (i = 1, 2, \cdots, m)
\tag{3-21}
$$

步骤 5 计算出方案 i 与正负理想解 $\tilde{A}^+$ 和 $\tilde{A}^-$ 在形状上的相似程度表达式分别如下

$$
R_i^+ = \frac{\mu_i^+}{\max_i \mu_i^+}, \; R_i^- = \frac{\mu_i^-}{\max_i \mu_i^-}
\tag{3-22}
$$

步骤 6 合并无量纲化的 D_i^+、D_i^- 和 R_i^+、R_i^-，并引入偏好度 η，合并公式为

$$
\begin{cases}
S_i^+ = \eta D_i^- + (1 - \eta) R_i^+ \quad (i = 1, 2, \cdots, m) \\
S_i^- = \eta D_i^+ + (1 - \eta) R_i^- \quad (i = 1, 2, \cdots, m)
\end{cases}
\tag{3-23}
$$

S_i^+ 表示方案 i 与正理想解分别在距离上、形状上的接近度，其值越大表示方案越好，否则越差，S_i^- 与之相反。η 为决策者对距离、形状接近度评价的偏好度，$\eta \in [0, 1]$，偏好度吸纳了评价者的主观因素，评价者可根据个人的偏好确定数值。

步骤 7 各方案和正理想解之间的相对贴近度如下

$$E_i = \frac{S_i^+}{S_i^+ + S_i^-} \quad (i = 1, 2, \cdots, m) \tag{3-24}$$

E_i 值越大说明方案越佳，反之则越小。

3.3.2 博弈论的指标权重确定模型

3.3.2.1 主观法确定指标权重

步骤 1 建立层次结构。层次分析法 AHP 是主观法确定权重方法之一，AHP 中的关键步骤是构建有层次性、条理性的评价模型体系，将评价模型体系可划分为目标层、准则层、指标层等几个层次。

步骤 2 构造比较的判断矩阵。对于准则层，将其 n 个元素之间相对重要性进行比较，可以得到一个两两比较判断矩阵，即

$$A = (a_{ij})_{m \times n} \tag{3-25}$$

式中，a_{ij} 表示指标 a_i 对 a_j 的重要程度，根据专家经验对两指标关系进行判定，按照 1~9 比例标度对重要性程度赋值。

步骤 3 计算各指标的权重。将判断矩阵 A 的各个行向量先进行几何平均，然后归一化，得到的行向量即为权重向量。

$$w_i = \frac{\left(\prod_{j=1}^{n} a_{ij} \right)^{\frac{1}{n}}}{\sum_{k=1}^{n} \left(\prod_{j=1}^{n} a_{kj} \right)^{\frac{1}{n}}} \quad (i = 1, 2, \cdots, m) \tag{3-26}$$

步骤 4 求出判断矩阵的最大特征根，即

$$\lambda_{\max} = \frac{1}{n} \sum_{i=1}^{n} \frac{\sum_{j=1}^{n} a_{ij} w_j}{w_i} \tag{3-27}$$

步骤 5 判断矩阵一致性检验。一致性比例（consistency ratio，CR）计算为

$$CR = \frac{CI}{RI}, \quad CI = \frac{\lambda_{\max} - n}{n - 1} \quad (n > 1) \tag{3-28}$$

式中，CI（consistency index）为判断矩阵一致性指标；RI（random index）为随机一致性指标平均值。当 $CR < 0.1$ 时，该判断矩阵一致性能被接受；当 $CR \geqslant 0.1$ 时，应适当修正判断矩阵。

3.3.2.2 客观法确定指标权重

变异系数法（CVM）是客观赋权法中的一种方法，它是依据评价指标的变

化程度来确定权重，该方法能够明显区分各个被评价对象权重。在进行两个指标值变异程度的比较时，可采用标准差与平均数的比值（相对值）来比较，变异系数法计算过程如下所述。

步骤1 计算第 j 项指标平均数和标准差为

$$\bar{x}_j = \frac{1}{m} \sum_{i=1}^{m} x_{ij} \tag{3-29}$$

$$\sigma_j = \sqrt{\frac{1}{m} \sum_{i=1}^{m} (x_{ij} - \bar{x}_j)} \tag{3-30}$$

步骤2 变异系数和权重值为

$$\delta_j = \sigma_j / |\bar{x}_j| \tag{3-31}$$

$$w_j = \delta_j \bigg/ \sum_{j=1}^{n} \delta_j, \quad \sum_{j=1}^{n} \delta_j = 1 \tag{3-32}$$

3.3.2.3 博弈论确定指标综合权重

博弈论又被称为对策论（Game Theory），是指研究多个对象之间在特定条件下的对局中采用相关方的策略。利用博弈论思想把主观和客观确定权重的方法有机结合起来，进行计算综合权重，可提高多属性权重计算的精确性、科学性。

步骤1 采用 L 种方法进行计算权重，构造成权重集为 $w_k = (w_{k1}, w_{k2}, \cdots, w_{km})$（$k=1, 2, \cdots, L$）。$L$ 个向量通过线性组合如下

$$w = \sum_{k=1}^{L} a_k \cdot w_k^T, \ a_k > 0 \tag{3-33}$$

式中，w 为 L 种向量的综合权重向量集。

步骤2 为了对 L 个权重向量 a_k 进行优化，即寻求 w 与 w_k 的差值最小，即

$$\min \left\| \sum_{j=1}^{L} a_j w_j^T - w_i \right\|_2 \ (i = 1, 2, \cdots, L) \tag{3-34}$$

步骤3 对上式一阶导数求导可得

$$\begin{bmatrix} w_1 \cdot w_1^T & w_1 \cdot w_2^T & \cdots & w_1 \cdot w_L^T \\ w_2 \cdot w_1^T & w_2 \cdot w_2^T & \cdots & w_2 \cdot w_L^T \\ \vdots & \vdots & \vdots & \vdots \\ w_L \cdot w_1^T & w_L \cdot w_2^T & \cdots & w_L \cdot w_L^T \end{bmatrix} \begin{bmatrix} a_1 \\ a_2 \\ a_3 \\ a_4 \end{bmatrix} = \begin{bmatrix} w_1 \cdot w_1^T \\ w_2 \cdot w_2^T \\ w_3 \cdot w_3^T \\ w_4 \cdot w_4^T \end{bmatrix} \tag{3-35}$$

步骤4 计算出 $(a_1, a_2, \cdots, a_L)$ 进行归一化处理得

$$a_k^* = \frac{a_k}{\sum_{k=1}^{L} a_k} \tag{3-36}$$

步骤5 计算综合权重为

$$w^* = \sum_{k=1}^{L} a_k^* \cdot w_k^T \qquad (3-37)$$

3.3.3 采场参数综合评价

3.3.3.1 采场参数方案

采矿方案的适用性从空间结构、位置布置、参数大小、形态分布上相差很大，采矿方法及其结构参数的选取涉及技术、经济、安全、环保等多个方面。选取的采矿方法包含爆破崩落、锚杆（索）加固、废石胶结充填、混凝土接顶充填、胶结充填等多重工序，每种采场结构方案都包含多重属性，如成本费用、生产能力、贫化率、损失率、施工安全性、施工难易程度等，构建的采场参数评价体系，如图3-3所示。这些指标值往往分布于区间范围，具有一定的模糊性和不确定性。宜昌磷矿采场结构参数方案见表3-10和如图3-4所示。

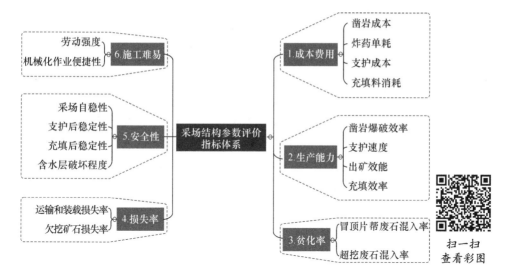

图 3-3 采场结构参数评价指标体系框图

表 3-10 采场结构参数方案

结构参数	方案 A	方案 B	方案 C	方案 D	方案 E
采场宽度/m	4.0	4.5	5.0	5.5	6.0
锚杆间距/m×m	1.2×1.2	1.1×1.1	1.0×1.0	0.9×0.9（增加锚索）	0.8×0.8（增加锚索）
接顶点柱间距/m	3.0	2.5	2.5	2.0	2.0
充填体强度/MPa	15	15	15~20	15~20	20

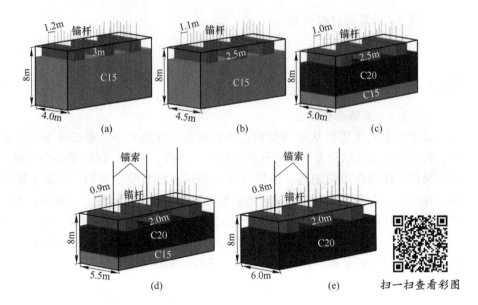

图 3-4 采场结构参数方案示意图

(a) 方案 A；(b) 方案 B；(c) 方案 C；(d) 方案 D；(e) 方案 E

3.3.3.2 制定评价指标

将成本费用、生产能力、贫化率、损失率、安全性、施工难易程度 6 项指标纳入评价体系，其评价指标值见表 3-11。

表 3-11 不同采场结构参数的评价指标信息

方案	成本费用 /元·m⁻³	生产能力 /t·d⁻¹	贫化率 /%	损失率 /%	安全性	施工难易程度
A	712~732	300~320	2.5~3.5	4.5~5.5	好	一般
B	723~743	324~344	3.0~4.0	5.0~5.5	好	较好
C	742~762	346~366	3.5~4.5	5.5~6.5	一般	一般
D	826~846	367~387	4.0~5.0	6.0~7.0	较差	较差
E	898~918	386~406	4.5~5.5	6.5~7.5	差	较差

3.3.3.3 量化定性指标

对于定性指标的重要性比较，首先对其进行区间量化赋值，并按照其影响大小区分为五级，见表 3-12。

表 3-12 定性指标定量化

好	较好	一般	较差	差
[0.9, 1.0]	[0.8, 0.9)	[0.7, 0.8)	[0.6, 0.7)	[0.3, 0.6)

3.3.3.4 确定方案等级

根据本矿山具体情况，制定采场结构参数方案等级标准见表3-13。

表 3-13 采场结构参数方案的等级标准

等级	成本费用 /元·m⁻³	生产能力 /t·d⁻¹	贫化率 /%	损失率 /%	安全性	施工难易程度
I	≤700	>380	≤3	≤5	[0.9, 1.0]	[0.9, 1.0]
II	(700, 750]	(360, 380]	(3, 3.5]	(5, 5.5]	[0.8, 0.9)	[0.8, 0.9)
III	(750, 800]	(340, 360]	(3.5, 4]	(5.5, 6]	[0.7, 0.8)	[0.7, 0.8)
IV	(800, 850]	(320, 340]	(4, 4.5]	(6, 6.5]	[0.6, 0.7)	[0.6, 0.7)
V	>850	≤320	>4.5	>6.5	[0.3, 0.6)	[0.3, 0.6)

将表3-11中评价指标与表3-13中方案等级指标建立集对，根据式（3-14），分别确定每两个比较指标集对同一度、差异度、对立度系数。当评价指标与方案指标完全相同时，同一度系数为1，反之，对立度度系数为-1；当评价指标与方案指标不完全相同，存在区间重合时，按照区间重合度比例计算同一度、对立度系数。将每两指标集对同一度、差异度、对立度系数乘以指标权重并求和，可得出每个方案与不用方案等级之间的联系度信息，见表3-14。

表 3-14 各采场参数方案联系度信息表

方案与等级	α	β	γ	联系度表达式	$\mu_{\alpha\beta}$	$\mu_{\alpha\gamma}$
A 与 I 级	0.50	0.12	0.38	$0.50+0.12i+0.38j$	0.58	0.48
A 与 II 级	0.62	0.12	0.26	$0.62+0.12i+0.26j$	0.50	0.65
A 与 III 级	0.12	0.34	0.53	$0.12+0.34i+0.53j$	0.73	0.55
A 与 IV 级	0.00	0.47	0.53	$0.00+0.47i+0.53j$	0.52	0.81
A 与 V 级	0.10	0.47	0.43	$0.10+0.47i+0.43j$	0.59	0.92
B 与 I 级	0.34	0.12	0.53	$0.34+0.12i+0.53j$	0.73	0.36
B 与 II 级	0.40	0.34	0.26	$0.40+0.34i+0.26j$	1.00	0.75
B 与 III 级	0.18	0.47	0.36	$0.18+0.47i+0.36j$	0.65	0.69
B 与 IV 级	0.08	0.47	0.45	$0.08+0.47i+0.45j$	0.57	1.00
B 与 V 级	0.00	0.47	0.53	$0.00+0.47i+0.53j$	0.52	0.81
C 与 I 级	0.00	0.47	0.53	$0.00+0.47i+0.53j$	0.52	0.81

方案与等级	α	β	γ	联系度表达式	$\mu_{\alpha\beta}$	$\mu_{\alpha\gamma}$
C 与 II 级	0.44	0.10	0.46	0.44+0.10i+0.46j	0.61	0.39
C 与 III 级	0.77	0.00	0.23	0.77+0.00i+0.23j	0.38	0.50
C 与 IV 级	0.51	0.12	0.38	0.51+0.12i+0.38j	0.57	0.47
C 与 V 级	0.18	0.29	0.53	0.18+0.29i+0.53j	0.88	0.49
D 与 I 级	0.04	0.47	0.50	0.04+0.47i+0.50j	0.54	0.93
D 与 II 级	0.29	0.24	0.47	0.29+0.24i+0.47j	1.00	0.50
D 与 III 级	0.00	0.47	0.53	0.00+0.47i+0.53j	0.52	0.81
D 与 IV 级	0.74	0.00	0.26	0.74+0.00i+0.26j	0.39	0.47
D 与 V 级	0.16	0.47	0.38	0.16+0.47i+0.38j	0.63	0.74
E 与 I 级	0.10	0.47	0.43	0.10+0.47i+0.43j	0.59	0.92
E 与 II 级	0.00	0.47	0.53	0.00+0.47i+0.53j	0.52	0.81
E 与 III 级	0.00	0.47	0.53	0.00+0.47i+0.53j	0.52	0.81
E 与 IV 级	0.28	0.34	0.38	0.28+0.34i+0.38j	0.99	0.92
E 与 V 级	0.78	0.12	0.10	0.78+0.12i+0.10j	0.42	0.96

为了计算差异度系数 i 的值，需比较确定差异度 β 与同一度 α、对立度 γ 的联系度，利用式（3-14）和式（3-15）计算联系度，分别求得 $\mu_{\alpha\beta}=0.6173$，$\mu_{\beta\gamma}=0.7015$，即 $\mu_{\beta\gamma}>\mu_{\alpha\beta}$，可知差异度与对立度的关联系数较大。差异度系数 i 的量化值为 0.7015，$j=-1$，将其带入表 3-14 联系度表达式，建立各方案与等级间联系度，见表 3-15。由图 3-5 可知，与 I 级评价指标关联度较高的为方案 A、方案 B，方案 C 为 III 级，方案 D 为 IV 级，方案 E 为 V 级。

表 3-15　各方案与等级联系度系数

评价级别	I 级	II 级	III 级	IV 级	V 级
方案 A	0.64	0.68	0.15	-0.09	-0.06
方案 B	0.59	0.24	-0.04	-0.07	-0.09
方案 C	-0.09	0.66	0.93	0.65	0.26
方案 D	-0.08	0.38	-0.09	0.92	-0.05
方案 E	-0.06	-0.09	-0.09	0.20	0.72

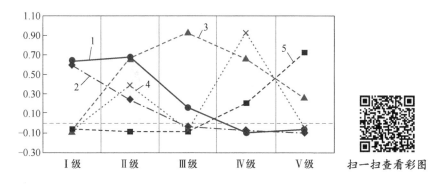

扫一扫查看彩图

图 3-5 各方案分级图

1—方案 A；2—方案 B；3—方案 C；4—方案 D；5—方案 E

3.3.3.5 各指标多属性权重

A CVM 法确定权重

定量指标因数的权重直接根据变异系数法确定，利用式（3-29）～式（3-32）进行计算，再根据变系数法确定权重。计算得到权重集为：$W = (0.10, 0.09, 0.19, 0.13, 0.35, 0.13)$。

B AHP 法确定权重

通过对各评判指标进行对比，形成因素重要性判断矩阵（见表 3-16），计算出各指标的权重集为：$W = (0.22, 0.13, 0.13, 0.14, 0.30, 0.09)$。

表 3-16 因素重要性比较和判定

指标	成本费用	生产能力	贫化率	损失率	安全性	施工难易度
成本费用	1	4/2	4/2	4/3	4/5	4/2
生产能力	2/4	1	2/3	4/3	2/5	4/2
贫化率	2/4	3/2	1	2/2	2/5	2/2
损失率	3/4	3/4	2/2	1	3/5	3/2
安全性	5/4	5/2	5/2	5/3	1	5/1
施工难易度	2/4	2/4	2/2	2/3	5/1	1

C 博弈论确定权重

采用博弈论方法将上述两种权重值进行集成，得到采场结构参数方案各指标权重值见表 3-17。由图 3-6 所示，成本费用、安全性这两项指标权重最高，生产能力、贫化率、损失率、施工难易程度指标权重较小。

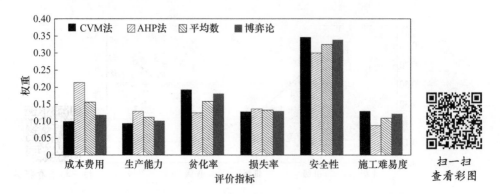

图 3-6　各评价指标权重系数

扫一扫
查看彩图

表 3-17　不同方法确定权重

指标	成本费用	生产能力	贫化率	损失率	安全性	施工难易度
CVM 法	0.10	0.09	0.19	0.13	0.35	0.13
AHP 法	0.22	0.13	0.13	0.14	0.30	0.09
平均数	0.16	0.11	0.16	0.13	0.33	0.11
博弈论	0.12	0.10	0.18	0.13	0.34	0.12

3.3.3.6　区间直觉模糊多属性决策

由决策者分别对 5 种采场结构参数方案进行评估，按照用区间直觉模糊决策矩阵 $\tilde{A} = (\tilde{a}_{ij})_{5 \times 6}$ 格式，整理汇总决策矩阵见表 3-18。

表 3-18　区间直觉模糊决策矩阵

方案	成本费用	生产能力	贫化率	损失率	安全性	施工难易度
A	([0.60,0.80], [0.15,0.25])	([0.30,0.40], [0.40,0.50])	([0.60,0.80], [0.05,0.15])	([0.60,0.80], [0.05,0.15])	([0.60,0.70], [0.10,0.20])	([0.40,0.55], [0.20,0.30])
B	([0.55,0.70], [0.15,0.30])	([0.45,0.55], [0.35,0.45])	([0.55,0.75], [0.05,0.15])	([0.55,0.75], [0.05,0.15])	([0.60,0.70], [0.10,0.20])	([0.60,0.70], [0.10,0.20])
C	([0.40,0.60], [0.30,0.40])	([0.50,0.60], [0.30,0.40])	([0.50,0.70], [0.10,0.20])	([0.50,0.70], [0.10,0.20])	([0.50,0.55], [0.20,0.35])	([0.40,0.55], [0.20,0.30])
D	([0.30,0.50], [0.40,0.50])	([0.55,0.65], [0.25,0.35])	([0.45,0.60], [0.15,0.25])	([0.45,0.60], [0.15,0.25])	([0.40,0.45], [0.30,0.45])	([0.20,0.35], [0.30,0.40])
E	([0.20,0.40], [0.50,0.60])	([0.60,0.70], [0.20,0.30])	([0.40,0.50], [0.20,0.30])	([0.40,0.50], [0.20,0.30])	([0.30,0.35], [0.40,0.55])	([0.20,0.35], [0.30,0.40])

根据决策矩阵，计算各方案关于属性的区间直觉模糊数 $\tilde{a}_{ij}$ 的期望函数 $E(\tilde{a}_{ij})$。

$$E(\tilde{a}) = \begin{bmatrix} 0.75 & 0.45 & 0.80 & 0.80 & 0.75 & 0.61 \\ 0.70 & 0.55 & 0.78 & 0.78 & 0.75 & 0.75 \\ 0.58 & 0.60 & 0.73 & 0.73 & 0.63 & 0.61 \\ 0.48 & 0.65 & 0.66 & 0.66 & 0.53 & 0.46 \\ 0.38 & 0.70 & 0.60 & 0.60 & 0.43 & 0.46 \end{bmatrix}$$

其中，$i = 1, 2, \cdots, 5$，$j = 1, 2, \cdots, 6$。由于 $E(\tilde{a}_{11}) > E(\tilde{a}_{21}) > E(\tilde{a}_{31}) > E(\tilde{a}_{41}) > E(\tilde{a}_{51})$，则 $\tilde{a}_{11} > \tilde{a}_{21} > \tilde{a}_{31} > \tilde{a}_{41} > \tilde{a}_{51}$，因此，$\tilde{a}_1^+ = \tilde{a}_{11} = ([0.60, 0.80], [0.15, 0.25])$，$\tilde{a}_1^- = \tilde{a}_{51} = ([0.20, 0.40], [0.50, 0.60])$；同理可得 $\tilde{a}_i^+$ 及 $\tilde{a}_i^-$，其中，$i = 1, 2, \cdots, 5$。由此可确定区间直觉模糊正理想解和负理想解为

$$\tilde{A}^+ = \{([0.60, 0.80], [0.15, 0.25]), ([0.60, 0.70],$$
$$[0.20, 0.30]), ([0.60, 0.80], [0.05, 0.15]),$$
$$([0.60, 0.80], [0.05, 0.15]), ([0.60, 0.70],$$
$$[0.10, 0.20]), ([0.60, 0.70], [0.10, 0.20])\}$$
$$\tilde{A}^- = \{([0.20, 0.40], [0.50, 0.60]), ([0.30, 0.40],$$
$$[0.40, 0.50]), ([0.40, 0.50], [0.20, 0.30]),$$
$$([0.40, 0.50], [0.20, 0.30]), ([0.30, 0.35],$$
$$[0.40, 0.55]), ([0.20, 0.35], [0.30, 0.40])\}$$

运用式（3-16）和式（3-17）计算各方案的评价值 $\tilde{a}_{ij}$ 分别与正、负理想解的灰色关联系数 μ^+、μ^-。

$$\mu^+ = \begin{bmatrix} 0.12 & 0.04 & 0.18 & 0.13 & 0.34 & 0.07 \\ 0.10 & 0.05 & 0.15 & 0.11 & 0.34 & 0.12 \\ 0.07 & 0.06 & 0.12 & 0.09 & 0.22 & 0.07 \\ 0.06 & 0.08 & 0.10 & 0.07 & 0.17 & 0.05 \\ 0.05 & 0.10 & 0.08 & 0.06 & 0.14 & 0.05 \end{bmatrix}$$

$$\mu^- = \begin{bmatrix} 0.05 & 0.10 & 0.08 & 0.06 & 0.14 & 0.07 \\ 0.05 & 0.06 & 0.09 & 0.06 & 0.14 & 0.05 \\ 0.07 & 0.05 & 0.10 & 0.07 & 0.18 & 0.07 \\ 0.09 & 0.05 & 0.13 & 0.09 & 0.23 & 0.12 \\ 0.12 & 0.04 & 0.18 & 0.13 & 0.34 & 0.12 \end{bmatrix}$$

利用式（3-19）和式（3-20）计算各方案与正、负理想解灰色关联度如下

$$\mu_1^+ = 0.89, \mu_2^+ = 0.88, \mu_3^+ = 0.64, \mu_4^+ = 0.52, \mu_5^+ = 0.48$$
$$\mu_1^- = 0.50, \mu_2^- = 0.45, \mu_3^- = 0.55, \mu_4^- = 0.72, \mu_5^- = 0.94$$

利用式（3-21）计算各方案与正理想解的相对关联度如下

$$\mu_1 = 0.64, \mu_2 = 0.66, \mu_3 = 0.54, \mu_4 = 0.42, \mu_5 = 0.34$$

根据 $\mu_i(i = 1, 2, \cdots, 5)$ 的大小对方案排序，则方案 B>方案 A>方案 C>方案 D>方案 E，可知最优方案为 B。表 3-19 为方案评价结果对比表，评价结果表明，用 IVIFE-SPA-TOPSIS 模型评价结果与传统的 SPA-TOPSI 和 GRA-TOPSIS 模型评价结果一致，证明该评价模型是可行和有效的。

表 3-19　方案评价结果对比表

方案	D_i^+	D_i^-	R_i^+	R_i^-	S_i^+	S_i^-	GRA-TOPSIS	SPA-TOPSIS	IVIFE-SPA-TOPSIS
A	0.44	0.99	1.00	0.53	0.99	0.49	0.64	0.67	0.67
B	0.26	1.00	0.98	0.48	0.99	0.37	0.66	0.69	0.73
C	0.47	0.66	0.71	0.58	0.69	0.52	0.54	0.55	0.57
D	0.79	0.43	0.59	0.76	0.51	0.77	0.42	0.41	0.40
E	1.00	0.42	0.53	1.00	0.47	1.00	0.34	0.31	0.32

偏好度作为一种主观态度，影响着人们的决策和行为。通常，评价者偏好度不同时，做出的评价会有所差异，为了消除决策者主观偏好度对评价结果的影响，需要分析比较不同偏好度情况下的方案优越性。图 3-7 所示为方案贴近度在偏好度从 0 到 1 的变化结果，当偏好度变大时，方案 A、B、C 的贴近度在逐渐增大，方案 D、E 贴近度逐渐减小。方案 A、B、C 的贴近度与位置的偏好度成正比，此三个方案在距离上更趋于最优方案；方案 D、E 贴近度与位置的偏好度成反比，这两个方案在形状上比距离上更接近最优方案。方案 B 的贴近度最大，表明无论偏好度如何变化，方案 B 均为最优方案。方案 B 与方案 A 评价贴近度差距随偏好度的增加而逐渐加大，表明方案 B 优越性比方案 A 更加明显。

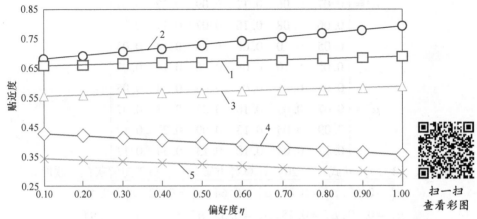

扫一扫
查看彩图

图 3-7　偏好灵敏度分析图

1—方案 A；2—方案 B；3—方案 C；4—方案 D；5—方案 E

3.3.3.7 评价模型优越性分析

A 方案优劣性定性比较分析

从定性角度分析，表3-20 列出了不同评价模型决策考虑因素，其中，GRA-TOPSIS 模型在确定比较集的联系度时，只考虑从正、反两个角度比较，缺少差异度信息。GRA-TOPSIS 模型和 SPA-TOPSIS 模型均未考虑评价因素的区间性、决策偏好度，且均采用单一方法确定权重，因此，这些评价模型考虑因素不全，不能全面、综合、系统体现方案的优劣性。而 IVIFE-SPA-TOPSIS 评价模型综合集成全方位联系度、决策区间性、综合权重法、偏好度等因素优点，使得评价模型具有明显优势。

表 3-20 不同评价模型决策考虑因素比较

因素	GRA-TOPSIS 模型	SPA-TOPSIS 模型	IVIFE-SPA-TOPSIS 模型
联系度	同、反角度	同、异、反角度	同、异、反角度
决策区间性	未考虑	未考虑	考虑
权重方法	单一方法	单一方法	综合方法
偏好度	未考虑	未考虑	考虑

B 同一评价模型下方案间纵向比较分析

从定量角度分析，评价模型精准性主要取决于不同方案关联度在同一评价模型中的差异性，差异性越明显，越有利于选择最优方案，反之则相反。为了方便对比，本书对三种评价模型中最优方案与各方案优越度进行汇总，见表3-21 和图3-8。采用 IVIFE-SPA-TOPSIS 评价模型后，最优方案与其他各方案优越度差距均最大，方案优劣性更加显现，采用 SPA-TOPSIS 和 GRA-TOPSIS 评价模型时，由于评价缺少多方位的考虑因素，有时难以区分两个方案的优劣性，如方案 B 比方案 A 的优越度只高出 3%，优越性并不明显，尤其在受主观因素影响下，更加难以区分最优方案，往往使得评价结果不够精准，导致决策失误。

表 3-21 不同评价模型最优方案优越度比较

评价模型	B 比 A/%	B 比 C/%	B 比 D/%	B 比 E/%
IVIFE-SPA-TOPSIS	8	22	45	56
SPA-TOPSIS	3	20	41	55
GRA-TOPSIS	3	18	36	48

方案间优越度差异性由大到小排序依次为 IVIFE-SPA-TOPSIS，SPA-TOPSIS、GRA-TOPSIS，前者考虑因素最全，其评价结果最为有效，这与上述定性分析结果相一致。IVIFE-SPA-TOPSIS 模型中方案 B 的优越性更加明显，这是因为该评价模型将集对分析理论与直觉模糊集相融合，充分考虑了比较集的区间

重合度、区间直觉模糊特性，拓宽了评价指标值区间范围，增强了对不确定信息的表达能力，使得方案优劣性更加凸显，便于精准确定最优方案。

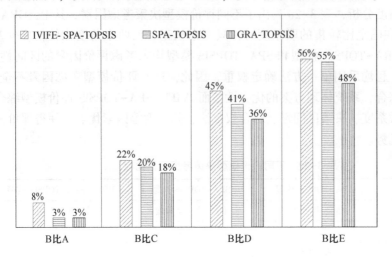

扫一扫
查看彩图

图 3-8 不同评价模型最优方案优越度比较

C 不同评价模型下同一方案横向比较分析

由于方案关联度指标是建立在同一评价模型基础上的，对于不同评价模型下的同一方案，由于参考系不同，对比标准不一致，方案的关联度大小可比性不强，即任意一个方案的关联度在 GRA-TOPSIS 模型、SPA-TOPSIS 模型与 IVIFE-SPA-TOPSIS 之间，横向对比没有意义，因此，只对同一评价模型下方案间的优劣进行纵向比较分析。

3.4 本章小结

（1）基于直觉模糊熵和集对分析理论，提出了 IVIFE-SPA-TOPSIS 多属性决策模型，将集对分析理论与直觉模糊集融合，博弈论和灰色关联度理论与模型相结合，构成完整、系统、综合的评价决策模型。该模型统筹考虑决策信息的区间性、模糊性、不确定性，实现了评价决策的定性与定量研究相结合、统计数据与经验理论相结合、系统思维与层次结构相结合，为多属性决策提供新的思路和方法，丰富了决策理论。

（2）引入博弈论思想将层次分析法和变异系数法确定权重的方法结合起来，综合集成包括了感情的、经验的、理性的、科学的权重指标，将专家经验、统计数据、信息资料三者有机统一起来，既反映客观信息，又反映决策者的主观意愿，避免了以往确定权重过程带有的主观片面性和评价方法单一性的缺点，使得权重指标评价结果更加真实、可靠，切合实际。

（3）基于信息熵和灰色关联分析的区间直觉模糊多属性决策方法，将灰色关联理论与改进的 TOPSIS 模型结合起来，既能反映数据序列之间的位置逼近关系，又可反映数据序列间形态的差异关系。分析了不同的评价者偏好度影响下方案指标与正理想解的贴近度，消除决策者主观偏好度对评价结果的影响，从而确定了最优方案。

（4）通过算理分析，从同、异、反三个角度综合比较分析 5 种方案的 6 种指标特性，确定了最优的采场参数方案，验证模型的有效性、合理性、综合性。研究结果表明该评价模型原理和步骤清晰、计算便捷，具有一般性和通用性，便于推广应用到其他领域的多属性、多层次决策评价中。

4 采场岩体量化评价分析

4.1 引言

影响地下硐室群的稳定性因素十分复杂，硐室群围岩的稳定性不仅仅与岩石的岩性、地质构造相关，还受到初始应力场、开挖与采动、露天爆破、工程施工等因素密切影响。硐室群围岩作为一复杂介质，其稳定性分类与其影响因素之间具有复杂的非线性关系，对其围岩岩性的评价是一个涉及多层次、多因素、多目标、多指标的决策过程。传统的岩体分类评价方法主要岩芯质量指标 RQD 围岩分类法、岩体质量系数 Q 围岩分类法和岩体地质力学 RMR 分类法等，RQD 围岩分类法考虑的因素较单一，未考虑复杂的影响因素。Q 围岩分类法与RMR 分类法综合考虑了地质方面的多种定量影响因素，其分类科学性提高了一步，但未考虑实际工程中的定性因素的影响，在围岩评价过程中具有一定的局限性。

4.2 围岩稳定性 AHP-Fuzzy 综合评价

4.2.1 评判模型建立

地下硐室群的特点是硐室之间相互交叉、相互影响，并且影响其稳定性的人类活动因素繁多，地质情况十分复杂，包括地质赋存条件、岩石力学特性、岩体结构特性、露天爆破影响、工程因素、地下水等。因此为保证地下开采期间的安全，对地下硐室群围岩稳定性评价十分必要。

本书确定了影响硐室群稳定性的各种因素，并根据各影响因素的层次性和模糊性，建立岩体稳定性分类的二级模糊综合评判模型。评判模型分两个层次考虑：一级评价指标共 22 个，二级影响因素共 6 个。某铜矿硐室群稳定性影响因素评判层次结构模型如图 4-1 所示。

4.2.2 评价权重确定

从宏观角度来看，影响硐室群稳定性的因素主要是二级评价指标中的六种影响因素，其中二级指标的影响因素又受各一级指标的影响。对于影响岩体稳定性方面 A 的各影响因素（B_1，B_2，B_3，B_4，B_5，B_6）的比例标度见表 4-1，从中可以得到判断矩阵 E。

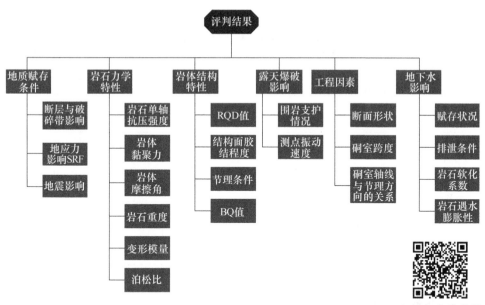

图 4-1　硐室群稳定性影响因素模糊综合评价模型

扫一扫查看彩图

表 4-1　各影响因素的比例标度

A	B_1	B_2	B_3	B_4	B_5	B_6
B_1	1	1/3	3	1/2	1	2
B_2	3	1	7	2	3	6
B_3	1/3	1/7	1	1/5	1/3	1
B_4	2	1/2	5	1	2	3
B_5	1	1/3	3	1/2	1	2
B_6	1/2	1/6	1	1/3	1/2	1

对于矩阵 $\boldsymbol{E}$ 有

$$
\begin{bmatrix}
1 & 1/3 & 3 & 1/2 & 1 & 2 \\
3 & 1 & 7 & 2 & 3 & 6 \\
1/3 & 1/7 & 1 & 1/5 & 1/3 & 1 \\
2 & 1/2 & 5 & 1 & 2 & 3 \\
1 & 1/3 & 3 & 1/2 & 1 & 2 \\
1/2 & 1/6 & 1 & 1/3 & 1/2 & 1
\end{bmatrix}
\cdot
\begin{pmatrix}
w_1 \\ w_2 \\ w_3 \\ w_4 \\ w_5 \\ w_6
\end{pmatrix}
= \lambda_{\max} \cdot
\begin{pmatrix}
w_1 \\ w_2 \\ w_3 \\ w_4 \\ w_5 \\ w_6
\end{pmatrix}
$$

求得权重，并经一致性检验为

$$\boldsymbol{W} = (0.131,\ 0.393,\ 0.051,\ 0.231,\ 0.131,\ 0.063)^T$$

通过上述变换将比较矩阵转化为判断矩阵，评价指标综合结果见表4-2。

表4-2 评价指标权重向量结果

权重向量	权重向量值	λ_{max}	CR
W	(0.131, 0.393, 0.051, 0.231, 0.131, 0.063)	6.036	0.0057
W_1	(0.634, 0.260, 0.106)	3.039	0.0195
W_2	(0.056, 0.056, 0.275, 0.104, 0.217, 0.292)	6.0632	0.0502
W_3	(0.351, 0.109, 0.189, 0.351)	4.011	0.0042
W_4	(0.0667, 0.333)	2	0
W_5	(0.455, 0.091, 0.455)	3	0
W_6	(0.185, 0.098, 0.185, 0.532)	4.002	0.00067

4.2.3 隶属矩阵确定

按照《工程岩体分级标准》（GB 50218—94）和《岩土工程勘察规范》（GB 50021—2001），可将地下结构岩体稳定性分为五级，从极稳定的 I 到极不稳定 V 级。影响该铜矿地下硐室群稳定性各因素评价指标及分级标准见表4-3。

表4-3 评价指标及分级标准

因素类别	因子	I 级	II 级	III 级	IV 级	V 级
地质赋存条件	断层破碎带影响	小（A）	较小（B）	一般（C）	较大（D）	大（E）
	地应力影响 SRF	0~2	2~5	5~10	10~20	20~30
	地震影响	小（A）	较小（B）	一般（C）	较大（D）	大（E）
岩石力学特性	抗压强度/MPa	175~400	90~175	50~90	25~50	0~25
	岩体黏聚力/MPa	2.1~60	1.5~2.1	0.7~1.5	0.2~0.7	0~0.2
	岩体摩擦角/(°)	60~70	50~60	39~50	27~39	0~27
	岩石重度/kN·m⁻³	26.5~40	26.5~40	24.5~26.5	22.5~24.5	0~22.5
	变形模量/GPa	33~200	20~33	6~20	1.3~6	0~1.3
	泊松比	0~0.2	0.2~0.25	0.25~0.3	0.3~0.35	0.35~0.5
岩体结构特性	RQD 值%	90~100	75~90	50~75	25~50	0~25
	节理条件	好（A）	较好（B）	一般（C）	不太好（D）	不好（E）
	结构面胶结程度	高（A）	较高（B）	一般（C）	不太高（D）	未胶结（E）
	BQ 值	550~700	451~550	351~450	251~350	0~250

因素类别	因子	Ⅰ级	Ⅱ级	Ⅲ级	Ⅳ级	Ⅴ级
露天爆破影响	围岩支护状况	良好（A）	较好（B）	一般（C）	较差（D）	不好（E）
	测点振速/cm·s⁻¹	0~5	5~10	10~20	20~30	30~45
工程因素	断面形状（高跨比）	小（A）	较小（B）	一般（C）	较大（D）	大（E）
	硐室跨度/m	0~5	5~10	10~15	15~20	20~30
	轴线与节理关系	有利（A）	较有利（B）	一般（C）	较不利（D）	不利（E）
地下水影响	赋存状况	干燥（A）	稍湿润（B）	湿润（C）	渗漏（D）	股流（E）
	排泄条件	好（A）	较好（B）	一般（C）	较差（D）	不好（E）
	岩石软化系数 Kr	0.95~1.00	0.80~0.95	0.65~0.80	0.40~0.65	0~0.40
	岩石遇水膨胀性	不好（A）	稍微（B）	一般（C）	较严重（D）	严重（E）

对硐室群稳定性进行模糊综合评判，得到其该段硐室围岩的各项稳定性影响指标，见表 4-4。

表 4-4 硐室群围岩稳定性评价因素指标

评价因素	评价值	评价因素	评价值
断层破碎带影响	影响一般（C）	节理条件	一般（C）
地应力影响 SRF	6.0	BQ 值	290.95
地震影响	影响较小（B）	围岩支护状况	较差（D）
单轴抗压强度/MPa	64.4	测点振速/cm·s⁻¹	5.044
岩体黏聚力/MPa	12.94	断面形状（高跨比）	影响较小（B）
岩体摩擦角/(°)	46.22	硐室跨度/m	4.0
岩石重度/kN·m⁻³	30.66	轴线与节理关系	一般（C）
变形模量/GPa	18.67	赋存状况	稍湿润（B）
泊松比	0.25	排泄条件	较好（B）
RQD 值/%	51.12	岩石软化系数 Kr	0.93
结构面胶结程度	一般（C）	岩石遇水膨胀性	稍微膨胀（B）

4.2.3.1 连续型指标隶属度确定

影响硐室群稳定性因素隶属度确定既包括连续型指标确定，又包含离散型指标确定。对于连续型影响因素，将表 4-4 中的连续型评价因素指标参数代入正态方程计算，得到连续型影响因素隶属度，见表 4-5。

表4-5 连续型影响因素隶属度

二级指标	一级指标	Ⅰ级	Ⅱ级	Ⅲ级	Ⅳ级	Ⅴ级
地质赋存 条件	地应力影响	0	0.146	0.779	0.106	0
	单轴抗压强度	0.065	0.169	0.947	0.040	0
岩石 力学 特性	岩体黏聚力	0.775	0	0	0	0
	岩体摩擦角	0	0.118	0.934	0.035	0.017
	岩石重度	0.903	0.903	0	0	0.127
	变形模量	0.386	0.366	0.634	0	0
	泊松比	0.200	0.535	0.535	0.004	0.022
岩体结构 特性	RQD 值	0	0	0.563	0.439	0.001
	BQ 值	0	0	0.034	0.974	0.295
露天爆破影响	测点振速	0.488	0.497	0.064	0	0
工程因素	硐室跨度	0.779	0.257	0	0	0
地下水影响	岩石软化系数	0.132	0.685	0.005	0.001	0

4.2.3.2 离散型指标隶属度确定

离散型指标隶属度应结合大量实际工程，根据专家经验和已有的分类方法取值。离散型指标隶属度可通过转换等级来实现，即首先根据一级评价指标的取值或描述情况划分为5个转换等级（A~E 级），然后由专家给定的每个转换等级对应5个分类等级的隶属度表进行取值。

将硐室群围岩稳定性评价因素指标（见表4-4）中的离散型影响因素指标值，对照转换等级和隶属度关系，计算得到离散型影响因素隶属度，见表4-6。

表4-6 离散型影响因素隶属度

二级指标	一级指标	Ⅰ级	Ⅱ级	Ⅲ级	Ⅳ级	Ⅴ级
地质赋存 条件	断层破碎带影响	0.15	0.30	0.35	0.20	0.10
	地震影响	0.35	0.35	0.20	0.05	0.05
岩体结构 特性	结构面胶结程度	0.15	0.30	0.35	0.20	0.10
	节理条件	0.15	0.30	0.35	0.20	0.10
露天爆破影响	围岩支护状况	0.05	0.05	0.10	0.35	0.45
工程因素	断面形状（高跨比）	0.35	0.35	0.20	0.05	0.05
	轴线与节理关系	0.15	0.30	0.35	0.20	0.10
地下水影响	赋存状况	0.35	0.35	0.20	0.05	0.05
	排泄条件	0.35	0.35	0.20	0.05	0.05
	岩石遇水膨胀性	0.35	0.35	0.20	0.05	0.05

围岩稳定性的影响因素模糊综合评价最终是依靠二级模糊综合评判，而二级模糊综合评判是建立在一级模糊综合评判的基础上的，二级模糊综合评判按式（4-1）计算。二级评价指标影响因素的隶属度是由一级模糊综合评判结果构成的，将各个一级模糊综合评判结果汇总后，求得各因素（地质赋存条件、岩石力学特性、岩体结构特性、露天爆破影响、工程因素、地下水影响）对岩体稳定性等级（Ⅰ级、Ⅱ级、Ⅲ级、Ⅳ级、Ⅴ级）的隶属度 R 见表4-7。

$$V = WR = W \cdot \begin{Bmatrix} V_1 \\ V_2 \\ V_3 \\ V_4 \\ V_5 \\ V_6 \end{Bmatrix} = W \cdot \begin{Bmatrix} W_1 \cdot R_1 \\ W_2 \cdot R_2 \\ W_3 \cdot R_3 \\ W_4 \cdot R_4 \\ W_5 \cdot R_5 \\ W_6 \cdot R_6 \end{Bmatrix} \qquad (4-1)$$

表 4-7 二级评价指标影响因素隶属度

二级指标	Ⅰ级	Ⅱ级	Ⅲ级	Ⅳ级	Ⅴ级
地质赋存条件	0.132	0.265	0.446	0.160	0.069
岩石力学特性	0.283	0.371	0.604	0.013	0.024
岩体结构特性	0.045	0.089	0.314	0.556	0.134
露天爆破影响	0.196	0.232	0.221	0.267	0.233
工程因素	0.299	0.319	0.250	0.114	0.068
地下水影响	0.310	0.412	0.164	0.041	0.041

由公式（4-1），求得模糊综合评价集为

$$V = WR = (0.131, 0.393, 0.051, 0.231, 0.131, 0.063)$$

$$\begin{bmatrix} 0.132 & 0.265 & 0.446 & 0.160 & 0.069 \\ 0.283 & 0.371 & 0.604 & 0.013 & 0.024 \\ 0.045 & 0.089 & 0.314 & 0.556 & 0.134 \\ 0.196 & 0.232 & 0.221 & 0.267 & 0.233 \\ 0.299 & 0.319 & 0.250 & 0.114 & 0.068 \\ 0.310 & 0.412 & 0.164 & 0.041 & 0.041 \end{bmatrix}$$

$$= (0.235, 0.306, 0.406, 0.134, 0.091)$$

基于 AHP-Fuzzy 理论综合评判体系，将地质调查结果与工程实际情况结合，实现了地下硐室群的稳定性评价的定性与定量相统一。围岩稳定性的二级综合评判指标为（0.235，0.306，0.406，0.134，0.091），根据其综合评判指标可知岩体对Ⅲ级围岩的隶属度为 0.406，并且比其他等级围岩的隶属度大，得出该铜矿露天-地下硐室群围岩稳定性等级为Ⅲ级。

4.3 采场岩体参数敏感性 OED-GRA 评价分析

岩石力学经过长期的发展，不断由经验转向理论完善，基于数值模拟分析岩体工程稳定性已非常普遍，其精确度与岩体参数密切相关。岩体参数的取值通常是在岩石试样室内试验基础上获得的，由于岩体中存在节理、裂隙等不连续面等因素，以及岩体本身非均质性、各向异性，岩体参数取值还要结合工程地质岩体质量评价进行折减，常用的折减方法有费辛柯法、格吉（Georgi）法、经验折减法、Hoek 早期法、GSI 方法等，GSI 方法是目前对岩体力学参数确定较流行的方法，根据工程地质调查对工程岩体质量进行评分，在此基础上，运用 Hoek-Brown 准则求解岩体参数。由于在岩体参数在折减过程中往往带有一定的主观性、经验性，不可避免参数取值发生偏差，因此需分析岩体参数的敏感性，以防止敏感性大的岩体参数发生偏差。

敏感性分析的核心目的是通过对模型属性进行分析，得到各属性敏感性系数的大小。常采用的因素敏感性方法为单一因素分析法，典型的如连环代替法，计算中是以假定其他因素不变为条件的。目前，不少学者对边坡岩体参数的敏感性进行了分析，张东旭等采用单一因素分析法研究了岩体抗剪强度参数对边坡安全系数的敏感性；王旭春等通过分析多个不确定因素的变化来分析露天矿边坡岩体参数敏感性；许飞等通过有限差分法及敏感性分析方法研究了 Hoek-Brown 准则中各参数对岩质边坡安全系数的灵敏度；付宏渊等运用正交试验对岩质边坡动力稳定性进行分析。此外，有的学者引入了灰关联理论分析岩体参数的敏感性，如聂卫平等基于灰关联理论对硐室稳定性参数进行敏感性分析；郝杰等建立了围岩力学参数概率分布模型，并进行了围岩变形敏感性灰关联分析。

由于岩体参数各自存在着相互影响、相互制约的关系，采用单一因素分析法无法同时考虑多因素影响下的情况，具有一定的局限性，不能全面、真实反映岩体参数的敏感性。为此，将正交试验法运用到多因素敏感性分析中，在多因素并存的条件下，选用具有代表性的方案进行组合试验分析，但由于各因素的量纲不同，得出的结论往往与实际情况具有一定的偏差。将灰关联理论引入评价体系中，采用区间相对值化实现因素的无量纲化，解决了因参数间量纲不同而导致的敏感性分析偏差问题，但存在选取代表性方案数量不足的问题。本书在上述研究成功的基础上，将正交设计与灰色关联理论相结合，构建了正交灰色关联评价模型，充分利用了正交设计的典型方案组合试验优点，以及灰色关联理论分析不同量纲的多因素关联度优势性，使得参数敏感性分析更具意义，为多因素关联的敏感性分析提供一种新的思路。

4.3.1　敏感性 OED-GRA 评价模型

正交灰关联评价模型（OED-GRA）是将正交试验设计（Orthogonal Experimental Design，OED）和灰色关联理论（Gray Relational Analysis，GRA）有效地结合起来，分析多因素敏感性的评价模型。首先要确定试验因素水平集，根据试验因素建立正交因素矩阵，通过对因素集进行试验，获得指标序列，两集合分别进行无量纲化和满意度转化。最后，按照灰色关联理论进行敏感性评价，评价模型流程图如图 4-2 所示。

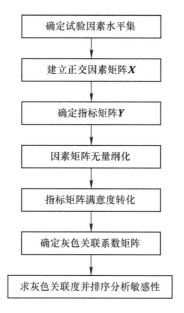

图 4-2　OED-GRA 评价模型

4.3.1.1　确定试验因素水平集

假定一项试验有 m 个影响因素，共有 t 种试验方案，因子水平数分别计为 k_1，k_2，$\cdots$，k_t。

4.3.1.2　建立正交因素矩阵

正交试验设计是用于多因素敏感性分析的方法，利用数理统计与正交性原理，从大量实验中挑选具有代表性因素进行重新组合，通过较少的实验得出较为全面的试验结论。正交设计具有两个特点，具备了"均匀分散，齐整可比"的特点，一是组合点的均匀性，即任意一个因素点在同一个水平出现次数相同；二是组合点的正交性，即任意两个因素点在不同水平组合试验中出现次数相同。

正交设计是利用规格化好的正交表来安排多因素试验，计为 $L_m(t^n)$，式中

L 为正交表；m 为正交表行数，表示试验 m 次数；n 为正交表列数，表示 n 个因子数；t 为水平个数。设 m 个影响因子构成因素矩阵为 $X = \{X_1, X_2, \cdots, X_m\}^T$，式中 $X_1 = \{x_{11}, x_{12}, \cdots, x_{1n}\}$，写成矩阵形式如下

$$X = \begin{bmatrix} X_1 \\ X_2 \\ \vdots \\ X_m \end{bmatrix} = \begin{bmatrix} x_{11} & x_{12} & \cdots & x_{1n} \\ x_{21} & x_{22} & \cdots & x_{2n} \\ \vdots & \vdots & \ddots & \vdots \\ x_{m1} & x_{m2} & \cdots & x_{mn} \end{bmatrix} \tag{4-2}$$

4.3.1.3 确定指标矩阵

在因素集 X 进行下进行 m 次试验后，得出相应的 m 次 n 种指标值，组成指标矩阵 Y 如下

$$Y = \begin{bmatrix} Y_1 \\ Y_2 \\ \vdots \\ Y_m \end{bmatrix} = \begin{bmatrix} y_{11} & y_{12} & \cdots & y_{1n} \\ y_{21} & y_{22} & \cdots & y_{2n} \\ \vdots & \vdots & \ddots & \vdots \\ y_{m1} & y_{m2} & \cdots & y_{mn} \end{bmatrix} \tag{4-3}$$

4.3.1.4 因素矩阵无量纲化

各因素的量纲存在较大差异，采用区间相对化对数据进行处理，消除因素序列和参照序列的差异，对 X 数值变化得

$$X'_i = \{x'_{i1}, x'_{i2}, \cdots, x'_{in}\}^T \tag{4-4}$$

式中，$x'_{ij} = \dfrac{x_{ij} - \min\limits_j x_{ij}}{\max\limits_j x_{ij} - \min\limits_j x_{ij}}$ $(i = 1, 2, \cdots, m; j = 1, 2, \cdots, n)$。

4.3.1.5 指标矩阵满意度转化

对于任意的 $y_{ij} \in Y$，$Y | \rightarrow f(y_{ij}) \in [0, 1]$，则称 $f(y_{ij})$ 为满意度函数，$Y' = \{(y_{ij} | f(y_{ij}))\}$ 为满意度集合。

指标矩阵 Y 可分为两类，一类为效益型指标，另一类为成本型指标，对于效益型指标可按式（4-4）计算，对于成本型指标，可按下式计算。

$$y'_{ij} = \dfrac{\max\limits_j y_{ij} - y_{ij}}{\max\limits_j y_{ij} - \min\limits_j y_{ij}} \quad (i = 1, 2, \cdots, m; j = 1, 2, \cdots, n) \tag{4-5}$$

4.3.1.6 确定灰关联系数矩阵

在确定灰关联度之前，首先要确定差异度，即 $\Delta_{ij} = |y'_{ij} - x'_{ij}|$，组成差异序列矩阵 Δ，其最大值、最小值分别为 $\Delta_{\max} = \max(\Delta_{ij})$，$\Delta_{\min} = \min(\Delta_{ij})$。比较值与参考值间的差值表现了差异性，同时，比较值与参考值具有一定的相关性，可采用如下表达式表示两者间的关联系数。

$$\gamma_{ij} = \frac{\Delta_{\min} + \zeta \Delta_{\max}}{\Delta_{ij} + \zeta \Delta_{\max}} \tag{4-6}$$

式中，γ_{ij} 为关联系数；ζ 为分辨系数，$\zeta \in [0, 1]$，一般取 0.5，用来提高关联系数间的显著差异性。

4.3.1.7 求灰关联度

关联度系数表达式为

$$R_i = \frac{1}{n} \sum_{j=1}^{n} \gamma_{ij} \tag{4-7}$$

关联度 R_i 越大，表示评价数列与比较数列越相近，即其敏感性越大，反之，则越不敏感。

4.3.2 不同强度准则的岩体参数变换

Hoek-Brown 准则经过多次改进，由原来的根据 RMR 估计材料参数 m、s 值，发展到由 Hoek 提出的 GSI 地质强度指标来估算 m、s 值，由于 GSI 综合了各种地质信息，考虑了岩体的不连续面、节理条件等，其适用范围得以拓展，可适用于坚硬岩体到极差质量岩体的强度估计。广义 Hoek-Brown 强度准则的表达式如下

$$\boldsymbol{\sigma}_1' = \boldsymbol{\sigma}_3' + \sigma_{ci} \left(m_b \frac{\boldsymbol{\sigma}_3'}{\sigma_{ci}} + s \right)^a \tag{4-8}$$

式中，$\boldsymbol{\sigma}_1'$、$\boldsymbol{\sigma}_3'$ 分别为岩体破坏时的最大、最小主应力；σ_{ci} 为岩石单轴抗压强度；m_b、s、a 均为岩体常数，与 GSI 地质强度指标表达关系如下

$$\left. \begin{array}{l} \dfrac{m_b}{m_i} = \exp\left(\dfrac{GSI - 100}{28 - 14D} \right) \\[3mm] s = \exp\left(\dfrac{GSI - 100}{9 - 3D} \right) \\[3mm] a = \dfrac{1}{2} + \dfrac{1}{6} \left(\mathrm{e}^{-GSI/15} - \mathrm{e}^{-20/3} \right) \end{array} \right\} \tag{4-9}$$

式中，D 为岩体受扰动程度的参数，取值范围为 0~1；m_i 为岩石的软硬程度参数，可由单轴抗压、抗拉试验得到，$m_i = \boldsymbol{\sigma}_{ti}/\boldsymbol{\sigma}_{ci} - \boldsymbol{\sigma}_{ci}/\boldsymbol{\sigma}_{ti}$，$\boldsymbol{\sigma}_{ti}$ 为岩石单轴抗拉强度。

将广义 Hoek-Brown 准则与 Mohr-Coulumb 准则做对比，以最大、最小主应力表示 Mohr-Coulumb 准则如下

$$\boldsymbol{\sigma}_1' = \frac{2c'\cos\varphi'}{1 - \sin\varphi'} + \frac{1 + \sin\varphi'}{1 - \sin\varphi'} \boldsymbol{\sigma}_3' \tag{4-10}$$

为得到两准则之间的关系，利用式（4-8）生成一系列 σ_1'、σ_3' 点，然后对这些点进行线性拟合，可得两准则最大、最小主应力关系图，如图4-3所示。

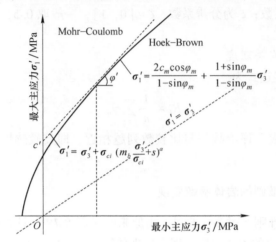

图 4-3 Hoek-Brown 准则与 Mohr-Coulumb 准则的关系

最后可推导出岩体的 c_m 和 φ_m 的表达式为

$$c_m = \frac{\sigma_{ci}\xi\left[(1 + 2a)s + (1 - a)m_b\sigma_{3n}'\right]}{am_b(1 + a)(2 + a)\sqrt{1 + \dfrac{6\xi}{(1 + a)(2 + a)}}} \tag{4-11}$$

$$\varphi_m = \arcsin\left[\frac{3\xi}{(1 + a)(2 + a) + 3\xi}\right] \tag{4-12}$$

式中, $\xi = am_b(s + m_b\sigma_{3n}')^{a-1}$; $\sigma_{3n}' = \dfrac{\sigma_{3max}'}{\sigma_{ci}}$; $\dfrac{\sigma_{3max}'}{\sigma_{cm}} = k\left(\dfrac{\sigma_{cm}}{\gamma H}\right)^m$; k、m 为经验系数; γ 为岩体的重度; H 为工程埋深; σ_{cm} 为岩体抗压强度。

抗拉强度可按下式计算:

$$\sigma_{tm} = \frac{1}{2}\sigma_{ci}(m_b - \sqrt{m_b + 4s}) \tag{4-13}$$

岩体弹性模量可采用 Hoek-Brown 准则给出的公式估算。

$$\left.\begin{array}{ll} E_m = \left(1 - \dfrac{D}{2}\right)\sqrt{\dfrac{\sigma_{ci}}{100}} \times 10^{\frac{GSI-10}{40}} & (\sigma_{ci} < 100\text{MPa}) \\[4mm] E_m = \left(1 - \dfrac{D}{2}\right) \times 10^{\frac{GSI-10}{40}} & (\sigma_{ci} > 100\text{MPa}) \end{array}\right\} \tag{4-14}$$

4.3.3 基于 OED-GRA 评价模型的岩体参数敏感性分析

4.3.3.1 正交数值模拟试验方案

A 模型建立

采用 3Dmine-MIDAS-FLAC3D 三种软件耦合，建立了某矿区数值计算模型，为了与矿山实际情况相贴近，模型分两步建立。第一步为矿区整体模型，尺寸为长×宽×高＝800m×800m×（460～830）m，顶部为矿区实际地形，模型选取地理西方向为 X 方向，垂直方向为 Z 方向，该模型共有 22942 个单元和 4816 个节点，图中断层考虑为 Interface 分界面；第二步为采场模型，将第一步计算所得的地应力结果进行加载，矿区及采场数值计算模型如图 4-4 所示。

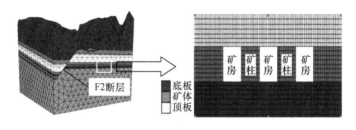

图 4-4　矿区及采场数值计算模型

B 正交试验设计

对于采场稳定性分析，选择岩石单轴抗压强度 σ_{ci}、地质强度指标 GSI、岩石的软硬程度 m_i、岩体受扰动程度 D 进行敏感性分析，分别考虑顶板、矿层岩体参数，将影响因素分为 4 个试验水平，见表 4-8。

表 4-8　影响因素水平表

水平	顶　板				矿　层			
	σ_{ci}/MPa	GSI	m_i	D	σ_{ci}/MPa	GSI	m_i	D
1	68	50	3.0	0.1	44	45	5.4	0.1
2	78	60	5.0	0.2	54	55	7.4	0.2
3	88	70	7.0	0.3	64	65	9.4	0.3
4	98	80	9.0	0.4	74	75	11.4	0.4

数值模拟采用 FLAC3D 里通用的 Mohr-Coulumb 准则计算，该准则计算过程中需要输入的主要的岩体参数为弹性模量 E_m、内聚力 c_m、内摩擦角 φ_m、抗拉强度 σ_{tm}，可利用式（4-11）～式（4-14）计算。由正交设计思想，选取正交表 $L_{16}(4^4)$，即采用 4 因素 4 水平的试验，可只安排 16 次试验就能分析因素敏感性，见表 4-9。

表 4-9   正交数值模拟试验方案

水平	顶 板				矿 层			
	σ_{ci}/MPa	GSI	m_i	D	σ_{ci}/MPa	GSI	m_i	D
1	68	50	3	0.1	44	45	5.4	0.1
2	68	60	5	0.2	44	55	7.4	0.2
3	68	70	7	0.3	44	65	9.4	0.3
4	68	80	9	0.4	44	75	11.4	0.4
5	78	50	5	0.3	54	45	7.4	0.3
6	78	60	7	0.1	54	55	9.4	0.1
7	78	70	3	0.2	54	65	5.4	0.2
8	78	80	9	0.4	54	75	11.4	0.4
9	88	50	7	0.2	64	45	9.4	0.2
10	88	60	3	0.3	64	55	5.4	0.3
11	88	70	5	0.1	64	65	7.4	0.1
12	88	80	9	0.4	64	75	11.4	0.4
13	98	50	7	0.2	74	45	11.4	0.2
14	98	60	3	0.4	74	55	5.4	0.4
15	98	70	7	0.3	74	65	9.4	0.3
16	98	80	5	0.1	74	75	7.4	0.1

　　图 4-5 中为试验方案中岩体性质参数 σ_{ci}、GSI、m_i、D 变化幅度情况，得出相应的岩体力学参数 E_m、c_m、φ_m、σ_{tm} 值变化情况如图 4-6 所示。

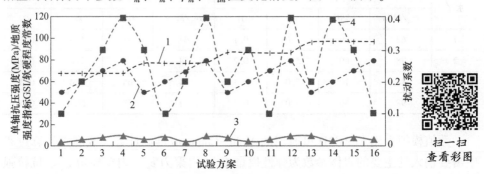

图 4-5   Hoek-Brown 准则岩体性质参数试验方案

1—单轴抗压强度（MPa）；2—地质强度指标 GSI；3—软硬程度常数；4—扰动系数

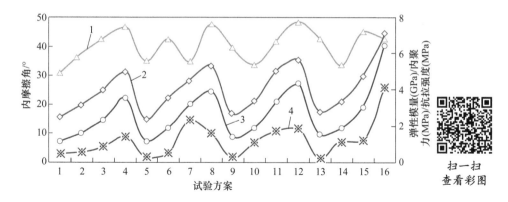

图 4-6 经 Hoek-Brown 准则变换后岩体力学参数

1—内摩擦角（°）；2—弹性模量（GPa）；3—内聚力（MPa）；4—抗拉强度（MPa）

4.3.3.2 岩体参数正交试验结果分析

本节主要研究采场岩体参数敏感性分析，选择顶板、矿柱位移，顶板、矿柱应力分布情况作为评价指标，岩体参数的敏感性通过采场稳定的满意度来表征，正交试验结果见表 4-10，各评价指标满意度按式（4-2）~式（4-5）计算。通过正交试验中每个因素进行均值分析，获得相应评价指标的满意度，分析结果见表 4-11~表 4-14。

表 4-10 正交数值模拟试验结果

试验方案	顶板稳定性指标				矿柱稳定性指标			
	沉降位移/cm	满意度	水平应力/MPa	满意度	水平位移/cm	满意度	垂直应力/MPa	满意度
1	9.99	0.00	8.05	0.00	5.44	0.00	11.39	0.00
2	6.60	0.36	5.79	0.41	2.44	0.58	10.35	0.36
3	3.71	0.67	3.56	0.80	1.05	0.85	8.63	0.95
4	1.01	0.96	2.47	1.00	0.42	0.97	9.57	0.63
5	9.26	0.08	6.74	0.23	4.63	0.16	11.20	0.07
6	3.93	0.65	5.01	0.54	1.37	0.79	9.02	0.81
7	2.97	0.75	3.38	0.84	0.83	0.89	8.48	1.00
8	0.96	0.96	2.48	1.00	0.37	0.98	9.59	0.62
9	5.82	0.45	4.71	0.60	2.65	0.54	10.24	0.40
10	4.67	0.57	4.58	0.62	2.07	0.65	10.14	0.43

试验方案	顶板稳定性指标				矿柱稳定性指标			
	沉降位移/cm	满意度	水平应力/MPa	满意度	水平位移/cm	满意度	垂直应力/MPa	满意度
11	2.31	0.82	3.52	0.81	0.39	0.98	9.49	0.65
12	0.85	0.98	2.51	0.99	0.35	0.99	9.76	0.56
13	5.76	0.45	4.22	0.69	1.93	0.68	9.46	0.66
14	3.98	0.64	3.94	0.74	2.02	0.66	10.10	0.44
15	1.72	0.88	3.49	0.82	0.40	0.98	9.65	0.60
16	0.62	1.00	2.50	0.99	0.28	1.00	9.92	0.51

表4-11 顶板沉降位移满意度

因素	σ_{ci}/MPa	GSI	m_i	D
均值1	0.498	0.244	0.490	0.617
均值2	0.609	0.555	0.565	0.502
均值3	0.702	0.780	0.661	0.550
均值4	0.744	0.974	0.837	0.885

表4-12 顶板水平应力满意度

因素	σ_{ci}/MPa	GSI	m_i	D
均值1	0.552	0.380	0.549	0.588
均值2	0.654	0.577	0.612	0.632
均值3	0.756	0.818	0.691	0.620
均值4	0.809	0.996	0.919	0.932

表4-13 矿柱水平位移满意度

因素	σ_{ci}/MPa	GSI	m_i	D
均值1	0.601	0.344	0.552	0.692
均值2	0.705	0.672	0.679	0.674
均值3	0.790	0.925	0.789	0.659
均值4	0.830	0.985	0.906	0.901

表 4-14 矿柱垂直应力满意度

因素	σ_{ci}/MPa	GSI	m_i	D
均值 1	0.483	0.281	0.468	0.493
均值 2	0.625	0.511	0.395	0.604
均值 3	0.509	0.800	0.689	0.510
均值 4	0.552	0.577	0.617	0.562

4.3.3.3 正交灰色关联分析

根据上述分析结果，选取各岩体性质参数的变化值矩阵 X 建立比较矩阵，并对矩阵采用进行无量纲化。

$$X = \begin{bmatrix} X_1 \\ X_2 \\ X_3 \\ X_4 \end{bmatrix} = \begin{bmatrix} 68 & 78 & 88 & 98 \\ 50 & 60 & 70 & 80 \\ 3 & 5 & 7 & 9 \\ 0.1 & 0.2 & 0.3 & 0.4 \end{bmatrix}$$

$$X' = \begin{bmatrix} X_1' \\ X_2' \\ X_3' \\ X_4' \end{bmatrix} = \begin{bmatrix} 0.00 & 0.33 & 0.67 & 1.00 \\ 0.00 & 0.33 & 0.67 & 1.00 \\ 0.00 & 0.33 & 0.67 & 1.00 \\ 0.00 & 0.33 & 0.67 & 1.00 \end{bmatrix}$$

经正交试验得到各岩体性质参数影响下评价指标满意度，将评价指标满意度矩阵依次计为 Y_1、Y_2、Y_3、Y_4，对各评价指标相对值化矩阵通过无量纲化，得到 Y_1'，取分辩系数 $\xi = 0.5$，计算得到各评价指标与岩体性质参数的灰关联系数矩阵 γ_1 如下

$$Y_1' = \begin{bmatrix} 0.000 & 0.454 & 0.830 & 1.000 \\ 0.000 & 0.425 & 0.735 & 1.000 \\ 0.000 & 0.216 & 0.493 & 1.000 \\ 0.300 & 0.000 & 0.125 & 1.000 \end{bmatrix}$$

$$\gamma_1 = \begin{bmatrix} 1.000 & 0.806 & 0.754 & 1.000 \\ 1.000 & 0.844 & 0.880 & 1.000 \\ 1.000 & 0.810 & 0.743 & 1.000 \\ 0.417 & 0.427 & 0.709 & 0.333 \end{bmatrix}$$

同理可得 $Y_2' \sim Y_4'$，$\gamma_2 \sim \gamma_4$。取各灰关联系数矩阵均值得到各评价指标关联度序列 $R_1 \sim R_4$ 如下

$$R_1 = \{0.890 \quad 0.931 \quad 0.888 \quad 0.472\}^T$$
$$R_2 = \{0.921 \quad 0.973 \quad 0.848 \quad 0.456\}^T$$

$$\boldsymbol{R}_3 = \{0.\,891 \quad 0.\,854 \quad 0.\,985 \quad 0.\,438\}^T$$
$$\boldsymbol{R}_4 = \{0.\,609 \quad 0.\,739 \quad 0.\,635 \quad 0.\,534\}^T$$

从关联度序列可以看出（见图4-7），对顶板沉降位移及最大水平应力影响程度由大到小的岩体性质参数顺序为：GSI、$\boldsymbol{\sigma}_{ci}$、m_i、D；对矿柱水平位移影响程度由大到小的岩体性质参数顺序为：m_i、$\boldsymbol{\sigma}_{ci}$、GSI、D；对矿柱最大垂直应力影响程度由大到小的岩体性质参数顺序为：GSI、m_i、$\boldsymbol{\sigma}_{ci}$、D；岩体性质参数 D 的敏感度相对较低。

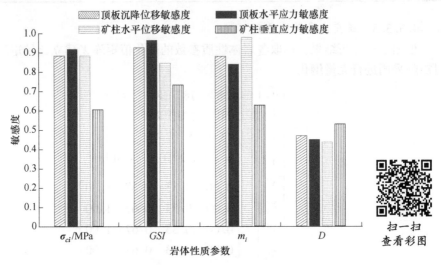

图 4-7　评价指标和影响因素灰关联度

同理，在岩体参数变换正交试验基础上，利用灰关联理论，将各自关联系数求取均值后，得出不同岩体性质参数与岩体力学参数之间的关联度，见表4-15。通过分析表明，岩体的 GSI 取值对 E_m、c_m、φ_m、$\boldsymbol{\sigma}_{tm}$ 值敏感性最大，岩体的 D 值敏感性最小，这与上述采场岩体参数敏感性分析结果一致。

表 4-15　岩体性质参数与岩体力学参数关联度

参数	σ_{ci}/MPa	GSI	m_i	D
E_m/GPa	0.664	0.777	0.607	0.594
c_m/MPa	0.666	0.726	0.604	0.593
$\varphi_m/(°)$	0.644	0.749	0.796	0.593
σ_{tm}/MPa	0.651	0.728	0.558	0.610

4.3.4　岩体参数对采场稳定性敏感性特征研究

岩体物理力学参数是数值模拟计算的基础，为了分析岩体参数对模拟结果的影响，本书对弹性模量、剪切模量、内聚力、内摩擦角、抗拉强度进行敏感性分析，分析各自取值在一定区间内变化引起位移、应力变化大小，从而确定影响数值模拟计算的岩体参数敏感性，以便在模拟计算前合理取值，防止过大偏差，使计算结果更为精确。

图4-8 和图4-9 分别为模拟单个采场开采后应力与位移受岩体参数变化的影响曲线图，从下列图中可以看出，剪切模量、内摩擦角、抗拉强度这三个参数取值变化对计算结果波动幅度较大，因此这三个岩体参数为影响采场模拟计算的重要因素。

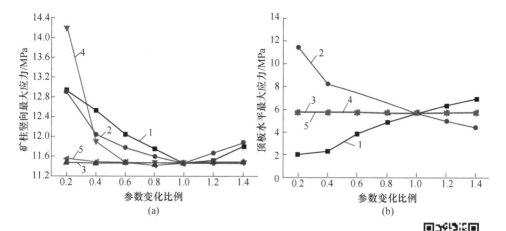

图4-8 岩体参数对采场竖向最大应力影响曲线图
（a）矿柱；（b）顶板
1—弹性模量；2—剪切模量；3—内摩擦角；4—内聚力；5—抗拉强度

扫一扫查看彩图

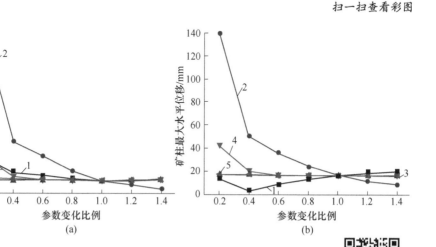

图4-9 岩体参数对采场竖向最大位移影响曲线图
（a）矿柱；（b）顶板
1—弹性模量；2—剪切模量；3—内摩擦角；4—内聚力；5—抗拉强度

扫一扫查看彩图

4.4 本章小结

（1）建立了围岩稳定性综合评价体系，将地质调查结果与工程实际相结合，实现了围岩稳定性评价定性与定量分析相统一，基于 OED-GRA 评价模型，对岩体参数敏感性进行分析，充分利用了正交设计与灰关理论相结合的优势。

（2）GSI 对顶板稳定的敏感性最大，D 的敏感度明显最小。对于矿柱的水平位移评价指标，参数 m_i 的敏感性最大，而对于矿柱垂直应力分布评价指标，GSI 值较为敏感，但与其他各参数敏感性差别不太明显。GSI 在选取时通常在采用观察岩体结构等级及结构面特征来估计，往往带有一定主观性，尤其对于经验少的人员，因此在对 GSI 取值时应足够重视，寻找足够多的依据来确保其取值精确。σ_{ci}、m_i 参数敏感性较 GSI 次之，其值一般通过常规岩石力学试验可以测出，因此要在试验中适当选取足够的试样来保证试验取值的精确性。

（3）通过分析 Hoek-Brown 准则与 Mohr-Coulumb 准则的最大、最小主应力关系，采用正交灰关联理论，研究了岩体性质参数 σ_{ci}、GSI、m_i、D 与岩体力学参数 E_m、c_m、φ_m、σ_{tm} 之间的关联系数，GSI 值对岩体力学参数的影响最大，D 值最小，这与岩体性质参数对采场稳定的敏感性分析结果一致。剪切模量、内摩擦角、抗拉强度这三个参数采场稳定性计算结果波动幅度明显，敏感性相对较大。

5　地下矿山开采数字化模拟技术

可靠的矿山长期规划对采矿作业取得经济上的成功至关重要。矿山长期规划涉及一些关键影响因素，如适当和安全的设计概念、地质和岩土方面的考虑、合适的支护系统、开发和生产资源的能力及其局限性、所需的基础设施和所有相关费用。

矿山长期规划和生产计划旨在根据地质条件、可交付的预期成果、采矿方法的限制确定最优矿山计划。最优矿山计划应满足利益最大化、预算和运输目标，并确保安全运营。实现这些紧迫的生产目标是一系列复杂的多维度任务。Datamine 软件包是解决当前矿山长期规划和生产计划的有力工具之一，采用 Studio 5D Planner（5DP）和 Enhanced Production Scheduler（EPS）完成开采数字化模拟设计，为企业高效管理决策提供支持。本章介绍南非某铂金矿采矿长期规划和生产计划，采用 5DP 和 EPS 完成开采数字化模拟设计。

5.1　矿山产能及开采规划数字化布局

传统的划分矿块在二维平面环境中进行，只考虑了有限的几个平面的结构，难以完成对矿体和工程的整体布置。采用三维可视化设计后，可全方位、多角度对整个矿山采场进行布置，设计成果直观显示采场三维分布、采准切割工程位置等。针对南非某铂金矿薄矿体，设计的三维采矿方法图如图 5-1 和图 5-2 所示。

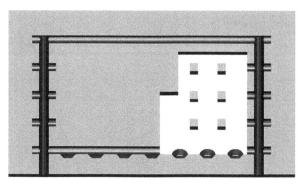

扫一扫查看彩图

图 5-1　房柱采矿法三维设计图

矿块划分是采矿产能优化开采的基础工作，可采矿块优化（Mineable Shape Optimizer，MSO）是产能优化及开采规划的核心工作，通过采用数字化技术分析

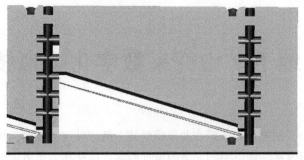

图 5-2 倾斜电耙采矿法三维设计图

矿体的几何形状，优化可采矿块形状。基于包含品位或价值信息的块体模型，在不同边界品位下，建立地下开采中最优矿房位置、结构参数等智能化信息，实现边界品位的与生产能力相匹配的动态优化。

MSO 通过使用包含品位或价值信息的块体模型，计算地下开采中最优矿房的大小、形状和位置。通过改变采场结构参数，调整最有可采矿块形状，创建相临近截面的轮廓线。MSO 使用一组等大小的倾斜的菱形并进行组合，形成了潜在的矿房或矿柱。在产品价格、块体品位的约束下，通过调整可采矿块结构参数，精准设计矿山生产规模及生产计划，实现数字化产能优化及开采规划。南非某铂金矿矿体经 MSO 优化后的可采矿块如图 5-3 所示，优化后的生产能力如图5-4所示。

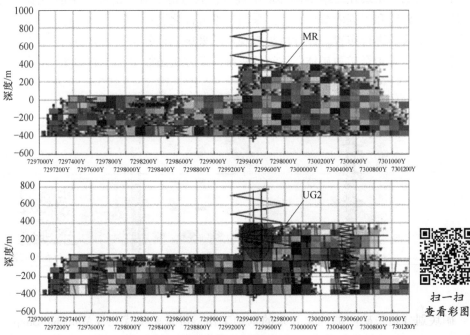

图 5-3 MSO 优化后的可采矿块

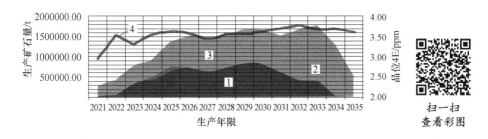

图 5-4 生产能力及计划

1—Total Mined Ore；2—MER Mined Ore；3—UG2 Mined Ore；4—Mined Grade 4E

（ppm = 10^{-6}）

5.2 基于三维仿真技术的开拓系统设计

5.2.1 矿山设计和生产计划

根据 MSO 优化的可采矿块，在 5DP 中完成三维开拓系统设计后，建立以开采进度约束的依赖关系，以真实开采的逻辑关系链接所有的采矿活动，最后将数据库模型导入 EPS 进行规划。

数字化采矿设计首先是完成三维线条设计工作，对于大型地下采矿设计，受矿岩类型、地质构造、矿体产状等因素影响，使设计任务变得困难和烦琐耗时，5DP 提供自动化和手动设计工具，并自动验证和修正设计过程中的不合理性，以帮助简化重复耗时，实现设计过程自动化、简化设计流程。建立的开拓系统三维线性模型，如图 5-5 所示。

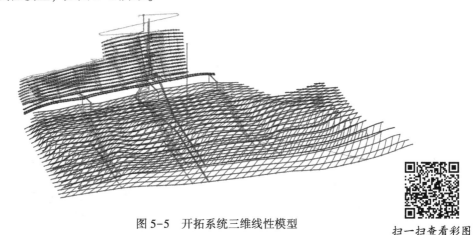

图 5-5 开拓系统三维线性模型

5.2.1.1 规划设计

该阶段主要工作包括定义采矿设计、建立实体模型、建立采矿开采过程逻辑关系、报告等。遵循智能的工作流程，将各个设计阶段以最有效、简单直观的方式布局，帮助实现数字化矿山规划。

规划设计阶段需要创建矿山规划中所包含的所有内容，对所设计内容的属性修改以符合矿山实际的规划，通过对线条、复杂实体的颜色、样式、编号和名称等属性信息的修改和调整，进行分组分类，以便预测成本、收益、量化每个活动的信息。在 5DP 中每个设计的内容都以某种方式表示三维空间的物理位置和其他相关数据信息，将其转化为墙体和每个活动的空间点，以表格形式保存每个活动的墙体、点位、估值信息，并与所设计的内容链接。根据设计定义对墙体和空间点生成三维实体模型，并根据块模型评估验证生成的实体，实现每个设计内容的数字化。

建立三维可视化开拓系统模型（见图 5-6），通过动态调整井巷工程断面尺寸、掘进速度、施工次序，分类型、分时段、全过程精准统计和汇总开拓和采切工程量，实现开拓系统三维仿真的动态规划。逐年井巷工程掘进量如图 5-7 所示。

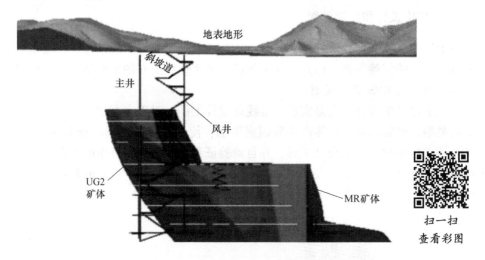

扫一扫
查看彩图

图 5-6 三维可视化开拓系统模型

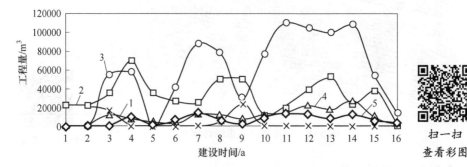

扫一扫
查看彩图

图 5-7 逐年井巷工程掘进量

1—竖井；2—斜坡道；3—运输平巷；4—连接石门；5—溜井

开拓系统通过甘特图形象地表示出井巷工程掘进顺序与持续时间。它的横轴表示时间,纵轴表示项目名称,进度条表示在整个期间项目的完成情况。

5.2.1.2　开采排序

针对 5DP 设计的开拓系统和采场与块体模型进行评估,以计算矿石的品位和吨位。调整与块体模型相匹配的开拓、采场三维设计模型,并模拟开拓系统和采场开采过程。

设计的三维模型由实体和节点组成,实体储存了矿体的数据,例如品位、吨位等信息。通过创建不同节点之间的链接和生产排序,以便关联实体模型,不同对象之间开采逻辑关系建立完成之后,也即完成了矿山完整的三维数据库,为下一步生产计划提供数据。节点之间通过搜索自动创建真实的施工工序的逻辑关系,如图 5-8 所示,当施工掘进到 B 点时,同时开始掘进 A 方向的巷道。

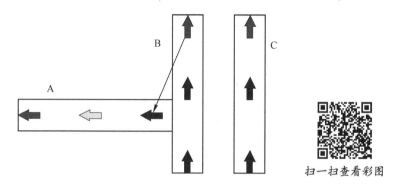

扫一扫查看彩图

图 5-8　巷道节点之间施工工序示意图

5.2.2　矿山生产计划动态编制

地下矿山采掘进度计划是指导矿山合理开发,均衡生产的重要环节,是具体组织生产、管理生产的重要依据,科学合理的编制采矿生产计划可以综合利用矿产资源,提高企业的经济效益,实现在正确的时间、空间条件下开采出经济效益最佳的矿石。随着计算机软件和数字矿山的发展,传统以 Excel 为主的手动排产已不能满足矿山全生命周期的生产计划编制,而在三维可视化环境下编制生产计划,已成为目前国内外矿山发展趋势。

在矿床三维模型的基础上,进行地质储量计算,运用矿山规划与设计软件,优化开采境界,编制矿山的长、短期计划,动态、快速地调整生产计划,从而实现矿山的最大净现值、最大资源利用率,并提高工作效率,降低生产成本。例如,江西铜业公司在全国矿山率先采用国际上普遍应用的矿山规划与设计软件MineSight,能够根据矿业市场行情快速优选出最具有市场竞争力的采掘方案,以降低剥离费用和减少采矿设备及维修设施的投入。安徽铜都铜业股份有限公司的狮子山铜矿引进了全套 Datamine 矿业管理软件作为冬瓜山铜矿床深部开采的配套技术，采用线性规划技术实现矿山长、中、短采掘计划编制，能保证在适当的时间、地点开采出矿石的数量和质量，使矿山企业投资效益最佳。

5.2.2.1 地下矿山生产进度计划特征

矿山采掘生产系统工艺流程多，矿体开采过程是动态变化的过程，受矿体的空间形态、品位分布、价格变化等因素约束，致使地下矿山生产进度计划编制具有较大的难度和复杂度。

矿山生产是一个复杂的系统工程，其开拓、运输、提升、通风、充填、排水等系统既相对独立又相互制约，而采准及采场回采都是在这些系统完成后才能开始，并且采掘生产作业是非连续的，因此其生产过程是一个多约束、不连续的复杂系统。

地下矿山生产的复杂性使得编制采矿生产进度计划变得困难，因此，合理的地下矿山生产进度计划必须系统考虑。以三维数字化技术为基础，在完成矿体实体模型和全生命周期的三维数字化采掘设计工程后，采用线性规划技术、逻辑学等方法进行矿山长期生产计划编制。

5.2.2.2 EPS 矿山生产进度计划基本原理

本书利用与 5DP 完全集成于一体的矿山生产计划程序（EPS），进行矿山全生命周期生产计划编制。其核心思想是依据在完成井下工程在时间和空间上的采掘工序及依赖关系，对工程进行约束，以保证各工程具有合理科学的开采顺序，将所有工程数据导入 EPS 进行矿山生产规划，以多种方式显示所有工程数据，为工程施工顺序优化提供准确的符合实际的数据。按照工序动态显示生产过程，实时地更新到三维设计工程中，并展示三维可视化动画，模拟任意时期内的回采过程。根据演示结果找出影响产量稳定性的因素和出现产量不均衡的时期，对不合理的生产计划及时进行调整。通过生产甘特图，做出各个时期的生产计划图表，自动生成报告并与计划数据相关联进行自动更新。

5.2.2.3 三维数字化地下矿山生产进度计划编制技术

数字化模拟开采技术是在三维空间中建立井巷工程掘进模型、采场模型，并以此为编排对象生成空间活动拓扑关系网。构建采场模型与开拓、采切工程模型相匹配的生产路径，基于数字化仿真模拟开采、数据库技术等实现矿山三维可视化高效计划编制。工作模式如图 5-9 所示。

生产进度计划涵盖了所有的开拓和生产阶段计划，矿山生产计划按照计划期限分为年、季度、月、日生产计划，按照采掘工程分为采出矿石量计划、开拓、采准等工程计划，根据各类工程项目进度计划，估算各工程的起止时间和延续时间，根据可用设备和人员数量，计算各采掘工程的效率，该矿山设计中使用的矿山设计参数和采掘效率，见表 5-1。

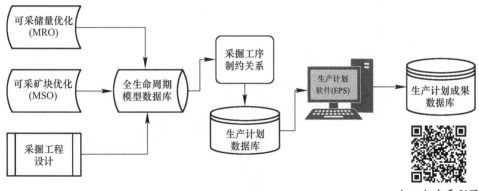

图 5-9 矿山计划编制工作模式图

扫一扫查看彩图

表 5-1 采矿设计参数及采掘效率

名 称	尺寸/m	速率/m·月$^{-1}$
斜坡道	$\phi 5.0$	100~150
回风井	$\phi 8.0$	60~80
进风井	$\phi 6.0$	60~80
主井	$\phi 9.5$	60
胶带斜井	4.5×4	35~50
脉内巷道	3×3	80~100
脉外巷道	3×3	80
人行通风斜井	4.5×4	35~50

以南非某铂金矿为例，利用矿山生产计划软件（EPS）并考虑了边界品位、矿石损失贫化率、可采资源量和采矿工作效率等关键影响因素，综合运行现代数学理论、逻辑学、优化方法等理论和方法，根据输入的数据进行计划编制模拟和优化，评估多种方案，最终选择出矿山全生命周期最佳生产计划。通过利用数字化模拟开采技术实现矿山三维可视化高效计划编制，直观的表达动态开采过程，生成贯穿矿山整个设计寿命周期的仿真开采三维动画，并以甘特图报表动态输出生产计划。数字化模拟开采按照生产时间动态显示开采状况，如图 5-10 所示。开拓系统掘进量甘特图如图 5-11 所示。

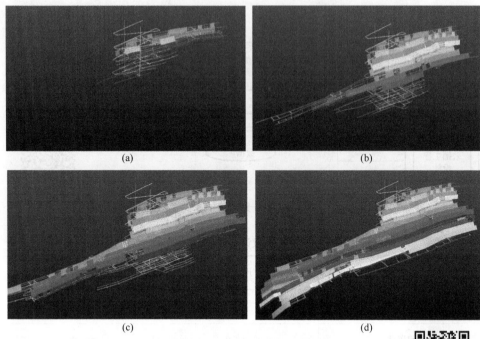

图 5-10 数字化模拟开采

（a）生产第 1 年；（b）生产第 5 年；
（c）生产第 10 年；（d）生产第 14 年

扫一扫查看彩图

Description	Duration	Rate	Start	Finish
MER-703	384.8d	17603.26iT/mo	24 Nov 23	25 Dec 13
MER-773	562.0d	17603.26iT/mo	25 Aug 22	27 Mar 07
MER-841	689.0d	17603.26iT/mo	26 Aug 13	28 Jul 02
MER-906	1,146.5d	17603.26iT/mo	28 Mar 30	31 May 20
MER-971	990.4d	17603.26iT/mo	27 Apr 06	29 Dec 21
Orepass	3,001.1d	40.00365m/mo	19 Jun 02	27 Aug 20
Ramp	1,831.5d	80.0073m/mo	19 Dec 04	24 Dec 09
Ramp1	1,065.5d	120.011m/mo	17 Aug 19	20 Jul 19
Return air tunnel	2,140.7d	80.0073m/mo	19 Sep 02	25 Jul 12
Shaft station	4,060.5d	80.0073m/mo	19 Mar 29	30 May 11
Silo	2,500.6d	20.00183m/mo	19 May 10	26 Mar 15
Sub ramp	4,205.6d	80.0073m/mo	20 Aug 19	32 Feb 24
UG2-1034	2,145.0d		28 Oct 20	34 Sep 04
UG2-1092	2,025.0d		29 Oct 22	35 May 09
UG2-1150	1,803.5d		30 Nov 15	35 Oct 23
UG2-425	812.0d	8250.753i/T/mo	19 Jul 01	21 Sep 20
UG2-495	1,200.1d		20 Mar 20	23 Jul 03
UG2-565	686.7d	17603.27iT/mo	21 Feb 19	23 Jan 07

Name	2019	2020	2021	2022	2023	2024
Waste rock from Dev. (m)	7,592	9,250	3,315	4,791	8,436	10,480
Area Waste rock from Dev.(m²)	24,474	15,547	3,773	5,219	2,685	6,633
Waste rock from Dev.(m³)	532,912	514,123	195,601	283,089	438,066	585,672
Ore-production(t)	102,297	385,131	646,460	930,088	889,202	1,010,413
UG2 Ore-production(t)	49,873	254,723	448,595	648,172	636,989	670,099
MER Ore-production(t)	49,873	130,408	197,864	281,915	252,213	336,772
PEGAU1(ppm)	3.027	3.433	3.641	4.077	4.151	4.073
Cu(10000*%)	498.839	476.679	487.414	551.554	545.719	565.641
Ni(10000*%)	1,340.688	1,333.393	1,343.251	1,471.108	1,474.403	1,457.017
Pt(ppm)	1.654	1.828	1.894	2.060	2.139	2.105
Pd(ppm)	1.062	1.261	1.389	1.622	1.594	1.563

图 5-11 开拓系统施工顺序甘特图

扫一扫查看彩图

5.2.3 开拓系统设计示例

通过研究南非某铂金矿薄矿体现有开拓系统设计资料,对其进行三维数字化处理,建立井下开拓系统模型。

5.2.3.1 混合井提升系统

混合井内布置三套提升系统,一套双箕斗提升系统作为主提升系统,负责 Ⅰ-2 期的矿、废石及 Ⅱ 期的矿石提升任务;一套双层罐笼提升系统为副提升系统,负责 Ⅰ-2 期及 Ⅱ 期的人员、材料、设备的提升任务;一套交通罐提升系统作为副提升系统的补充,主要负责零星人员及紧急情况下人员的提升任务。

混合井井筒直径 $\phi 9.5m$,井口标高为 $\pm 0.0mbc$(meters below collar),井底标高 1355mbc。主提升系统服务埋深 1250mbc 以上的矿体,在 1050mbc 和 1300mbc 分别设一个装矿点。混合井提升系统,如图 5-12 所示。

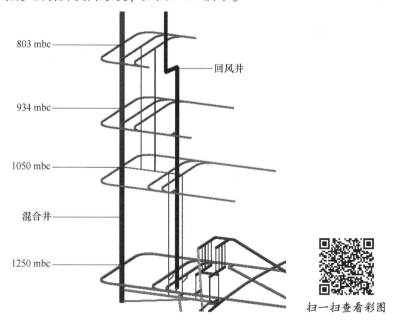

扫一扫查看彩图

图 5-12 混合井提升系统三维图

井底粉矿通过无轨设备进行回收。在混合井井底至装矿皮带道之间设粉矿回收斜坡道,用铲运机将粉矿装入运矿卡车,通过斜坡道将粉矿运至皮带道上部,倒入粉矿仓内,通过仓底振动放矿机将粉矿卸到皮带上,最后装入箕斗提升到地表。在混合井井底粉矿回收水平,设井底排水泵房,将井底水直接排到 1250mbc 接力泵房水仓。

5.2.3.2 斜井系统

UG2 矿体和 MR 矿体分别设置一条大倾角胶带斜井,胶带斜井系统如图 5-13

所示。该系统从主要生产水平 1250mbc 延伸到深部缓倾角（25°~10°）矿体，直到 2350mbc。主要功能是输送矿石和通风，斜井尺寸为 4.5m×4m，净断面积 18m²。1890mbc 以上段斜井布置在距离矿体底板 45m 围岩中，通过水平联络道和物料转移点与每个生产水平相连，1890mbc 以下段布置在矿体中，胶带斜井采用伪倾斜多段接力布置，最大角度 <25°。胶带斜井内采用串车系统检修胶带。

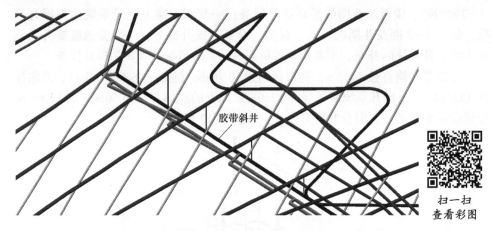

胶带斜井

扫一扫
查看彩图

图 5-13　胶带斜井系统

　　在 UG2 和 MR 胶带斜井边上分别设置 1 条人行通风斜井，斜井内安装人行通风斜井系统，主要功能是人行和通风，在每个中段建立降落点，并采用联络道与每个中段运输巷联通；斜井尺寸 4.5m×4m，净断面积 18m²。人行通风斜井与胶带斜井并列布置，施工时可以互相连通便于通风，可以加快施工速度。

　　5.2.3.3　Ⅰ期运输巷道
　　脉外运输巷道是运输矿石、材料、人员和通风主要巷道。混合井与Ⅰ期的每个生产中段联通，提高了机械化效率，矿石运输采用 30t 井下柴油卡车。卡车将矿石运输到溜井下放到 803mbc、934mbc、1050mbc、1250mbc 有轨运输中段，通过有轨电机车运输到混合井进而提升到地表。为了提高工作效率，实现尽早开采矿石，沿矿体走向方向每隔 500m 在 UG2 和 MR 矿层之间掘进一条斜坡道，通过斜坡道联络道进入脉外运输巷和矿体，斜坡道布置图如图 5-14 所示，机械化开拓系统局部图如图 5-15 所示。

　　5.2.3.4　Ⅱ期运输巷道
　　Ⅱ期开拓系统由 1250mbc 水平下降斜井系统和斜坡道连通。
　　脉内中段运输巷安装胶带机，接力输送矿石至胶带斜井运输皮带。胶带采用无轨设备进行检修。辅助斜坡道主要承担本期生产材料、人员和废石运输功能，运输系统如图 5-16 所示。

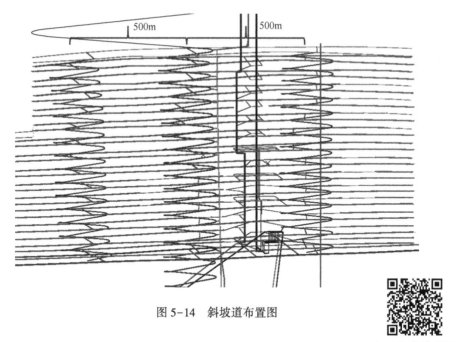

图 5-14 斜坡道布置图

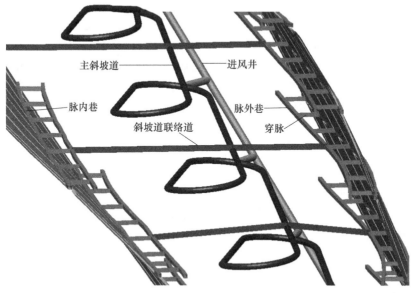

图 5-15 机械化开拓系统局部图

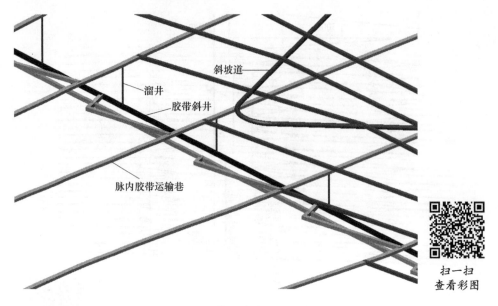

溜井

斜坡道

胶带斜井

脉内胶带运输巷

扫一扫
查看彩图

图 5-16　Ⅱ期运输系统图

5.3　本章小结

（1）采矿生产活动具有三维空间特征和动态特征，实现数字化矿山可以通过采矿信息模型（Mining Information Modelling，MIM）系统，建立三维矿山实体信息模型、动态模拟井下生产过程，实现采矿生产数字化和经营管理信息化。同时，及时掌握生产经营和管理动态，根据矿石市场价格和生产条件实时调整生产计划，做出科学决策，实现最大的生产量、最佳的成本、更少的不确定性和利润最大化。

（2）基于5DP平台的矿山开采数字化模拟技术是数字化矿山建设的基础工作之一，将可视化技术引入三维矿体模型，实现三维矿体和开拓系统的生成和仿真，有助于更好的理解矿体空间信息，通过对虚拟矿山实体进行操纵，可以构造出逼真的三维、动态、可交互的虚拟生产环境，用以规划矿山生产，实现矿山企业投资的效益最佳。

6 矿区三维应力响应精细化分析

6.1 断层构造对地应力场的影响

6.1.1 断层构造与主应力场关系

宜昌某磷矿区断层构造、节理裂隙广泛发育，断层是由高应力场作用而形成构造运动，断层的形成过程可概括为以下三个阶段：

（1）细微裂隙阶段，发生于岩体所受应力超过其自身强度时。

（2）破裂面阶段，当应力足够大，细微裂隙逐渐扩展并相互连接，形成破裂面。

（3）断层形成阶段，当断裂面应力差大于断裂面之间的摩擦力，即形成断层。宜昌某磷矿三维地层分布图如图 6-1 所示。

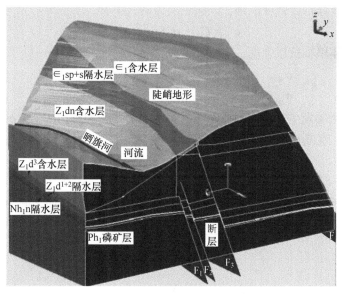

图 6-1 宜昌某磷矿三维地层分布图

E. M. Anderson 曾分析应力状态与断层的关系，已被广为接受。定义 σ_1、σ_2、σ_3 分别为最大、中间、最小主应力，正断层发生时，σ_1 直立，σ_2 和 σ_3 水平，σ_2 与断层走向方向相同；逆断层发生时，σ_1 和 σ_2 水平，σ_3 直立，σ_2 与断层面

走向方向相同；发生平推断层时，σ_2 直立，σ_1 和 σ_3 水平，σ_1 与断层面走向方向相同，如图 6-2 所示。

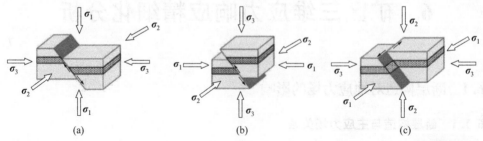

图 6-2 断层与主应力轴关系简图

(a) 正断层；(b) 逆断层；(c) 平推断层

扫一扫查看彩图

6.1.2 断层发生前后应力变化关系分析

本书以正断层为例，通过对断层面的受力分析，推导出正断层发生前后的应力变化关系。由图 6-2 可知，对于正断层，有 $\sigma_1 = \sigma_{垂直} = \gamma H$，$\sigma_3 = \sigma_{水平}$。断层发生时，岩体破坏符合强度准则，三向主应力的大小有

$$\sigma_1 = C_0 + \sigma_3 \tan^2\alpha \tag{6-1}$$

式中，C_0 为岩体单轴抗压强度，MPa；α 为断层倾角，(°)。

$$K = \frac{\sigma_{水平}}{\sigma_{垂直}} = \left(1 - \frac{C_0}{\sigma_1}\right)\frac{1}{\tan^2\alpha} = \left(1 - \frac{C_0}{\gamma H}\right)\cot^2\alpha \tag{6-2}$$

图 6-3 为断层发生后的应力分解图，按照应力平衡原理，$\sigma'_{垂直}$ 和 $\sigma'_{水平}$ 为断层发生后的应力，在断层面的应力分力达到平衡后总应力为零，即可按式 (6-3)表达。

$$\sigma'_{垂直}(\sin\alpha - \mu\cos\alpha) = \sigma'_{水平}(\mu\sin\alpha + \cos\alpha) \tag{6-3}$$

式中，μ 为断层面上的摩擦系数，$\mu = \tan\varphi$；φ 为断层面与水平面之间的夹角。

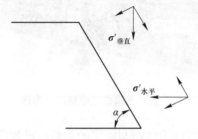

图 6-3 断层面应力分解图

由上述几式得

$$K' = \frac{\sigma'_{水平}}{\sigma'_{垂直}} = \tan(\alpha - \varphi) \tag{6-4}$$

假定断层发生前后，断层面上的垂直应力保持不变，即 $\sigma_{垂直} = \sigma'_{垂直}$，为分析断层发生前后断层面水平应力的关系，联立式（6-2）和式（6-4），得如下表达式

$$F = \frac{K'}{K} = \frac{\sigma'_{水平}}{\sigma_{水平}} = \frac{\tan(\alpha - \varphi)\tan^2\alpha}{1 - \dfrac{C_0}{\gamma H}} \tag{6-5}$$

在断层面完全达到平衡时，即断层面摩擦力为零，此时 $\mu = \tan\varphi = 0$，则可得下式

$$F = \frac{\tan^3\alpha}{1 - \dfrac{C_0}{\gamma H}} \tag{6-6}$$

据此，根据式（6-6）可以分析断层面水平应力在断层发生前后的关系，为断层构造附近区域地应力研究提供方法和依据。

6.2 复杂地形条件下地应力多元函数回归

6.2.1 函数叠加多元回归分析原理

6.2.1.1 回归函数模型

回归函数是在数据统计、分析、处理的基础上，建立变量之间的关系方程式。在回归函数分析中，多元回归和非线性回归分析是相对比较复杂的方法，涉及大量的统计分析和运算求解。一元线性回归分析法相对较为简便，但往往难以精准反映数据规律，不能表现数据真实性、客观性，因此其适用范围有限。

在复杂规律的数据统计中，数据大多是随机性的，往往很难采用单一回归函数类型来描述因变量和自变量之间的关系，将单一函数模型整体作为自变量，采用多元回归法将多个函数叠加回归分析，可确定相关性较大的回归方程。

6.2.1.2 函数叠加多元回归模型

A 多元回归的数学模型

设因变量 y 与自变量 x_1，x_2，$\cdots$，x_m 存在关系如下

$$\hat{y} = b_0 + b_1 x_1 + b_2 x_2 + \cdots + b_m x_m \tag{6-7}$$

式中，b_0，b_1，b_2，$\cdots$，b_m 是 β_0，β_1，β_2，$\cdots$，β_m 的最小二乘估算值。

若使回归值 $\hat{y}$ 的偏差平方和最小。

$$令\ Q = \sum_{j=1}^{n}(y_j - \hat{y}_j)^2 = \sum_{j=1}^{n}(y_j - b_0 - b_1 x_{1j} - b_2 x_{2j} - \cdots - b_m x_{mj})^2$$

Q 为 b_0，b_1，b_2，$\cdots$，b_m 的函数，若 Q 最小，则有：

$$\frac{\partial Q}{\partial b_0} = -2\sum_{j=1}^{n}(y_j - b_0 - b_1 x_{1j} - b_2 x_{2j} - \cdots - b_m x_{mj}) = 0$$

$$\frac{\partial Q}{\partial b_i} = -2\sum_{j=1}^{n} x_{ij}(y_j - b_0 - b_1 x_{1j} - b_2 x_{2j} - \cdots - b_m x_{mj}) = 0 \quad (i = 1,\ 2,\ \cdots,\ m)$$

整理得

$$\begin{cases} nb_0 + (\sum x_1)b_1 + (\sum x_2)b_2 + \cdots + (\sum x_m)b_m = \sum y \\ (\sum x_1)b_0 + (\sum x_1^2)b_1 + (\sum x_1 x_2)b_2 + \cdots + (\sum x_1 x_m)b_m = \sum x_1 y \\ (\sum x_2)b_0 + (\sum x_2 x_1)b_1 + (\sum x_2^2)b_2 + \cdots + (\sum x_2 x_m)b_m = \sum x_2 y \\ \qquad\qquad\qquad\qquad\qquad \vdots \\ (\sum x_m)b_0 + (\sum x_m x_1)b_1 + (\sum x_m x_2)b_2 + \cdots + (\sum x_m^2)b_m = \sum x_m y \end{cases}$$

$$(6-8)$$

解方程组 (6-8) 求得 b_1，b_2，$\cdots$，b_m，$b_0 = \bar{y} - b_1 \bar{x}_1 - b_2 \bar{x}_2 - \cdots - b_m \bar{x}_m$，与式 (6-7) 联立得

$$\hat{y} = \bar{y} + b_1(x_1 - \bar{x}_1) + b_2(x_2 - \bar{x}_2) + \cdots + b_m(x_m - \bar{x}_m) \qquad (6-9)$$

若记：

$$SS_i = \sum_{j=1}^{n}(x_{ij} - \bar{x}_i)^2,\ \ SS_y = \sum_{j=1}^{n}(y_j - \bar{y})^2$$

$$SP_{ik} = \sum_{j=1}^{n}(x_{ij} - \bar{x}_i)(x_{kj} - \bar{x}_k) = SP_{ki}$$

$$SP_{io} = \sum_{j=1}^{n}(x_{ij} - \bar{x}_i)(y_j - \bar{y}),\ (i、k = 1,\ 2,\ \cdots,\ m;\ i \neq k)$$

则可表示为

$$\begin{bmatrix} SS_1 & SP_{12} & \cdots & SP_{1m} \\ SP_{21} & SS_2 & \cdots & SP_{2m} \\ \vdots & \vdots & \vdots & \vdots \\ SP_{m1} & SP_{m2} & \cdots & SS_m \end{bmatrix} \begin{bmatrix} b_1 \\ b_2 \\ \vdots \\ b_m \end{bmatrix} = \begin{bmatrix} SP_{10} \\ SP_{20} \\ \vdots \\ SP_{m0} \end{bmatrix} \qquad (6-10)$$

求得回归系数 b_1，b_2，$\cdots$，b_m 为

$$b_i = c_{i1}SP_{10} + c_{i2}SP_{20} + \cdots + c_{im}SP_{m0} \qquad (6-11)$$

B 函数叠加多元回归方程

将多种回归函数类型视为待定，先假定回归函数的种类和分布形式，构建回归函数的多元线性回归方程，然后通过回归计算使两者的残差平方和逼近最小，求得各回归函数类型的待定系数，再代入数值计算模型最终计算出区域初始地应力场。

按照多元线性回归的思想，分别计算对各回归函数单独作用下的值，并建立

回归值与各种回归函数之间的方程，即

$$\boldsymbol{\sigma}_k = \sum_{i=1}^{n} L_i \sigma_k^i \tag{6-12}$$

式中，$\boldsymbol{\sigma}_k$ 为回归计算矩阵值；σ_k^i 为 i 类型函数模型的计算矩阵值；k 为测点序号；L_i 为多元回归系数；n 为函数模型数。

用测量值 $\boldsymbol{\sigma}_k^*$ 与回归值 $\boldsymbol{\sigma}_k$ 之差的平方和来表示测量值与回归方程的偏离程度，即 $Q = (\boldsymbol{\sigma}_k^* - \boldsymbol{\sigma}_k)^2$。为使 Q 达到最小，则令 L_i 的偏导数为零，即同时满足如下条件

$$\frac{\partial Q}{\partial L_1} = 0, \ \frac{\partial Q}{\partial L_2} = 0, \ \cdots, \ \frac{\partial Q}{\partial L_n} = 0 \tag{6-13}$$

整理后方程为

$$
\begin{bmatrix}
\sum_{k=1}^{m} (\sigma_k^1)^2 & \sum_{k=1}^{m} \sigma_k^1 \sigma_k^2 & \cdots & \sum_{k=1}^{m} \sigma_k^1 \sigma_k^n \\
\sum_{k=1}^{m} \sigma_k^1 \sigma_k^2 & \sum_{k=1}^{m} (\sigma_k^2)^2 & \cdots & \sum_{k=1}^{m} \sigma_k^2 \sigma_k^n \\
\vdots & \vdots & \vdots & \vdots \\
\sum_{k=1}^{m} \sigma_k^1 \sigma_k^n & \sum_{k=1}^{m} \sigma_k^2 \sigma_k^n & \cdots & \sum_{k=1}^{m} (\sigma_k^1)^n
\end{bmatrix}
\begin{bmatrix}
L_1 \\ L_2 \\ \vdots \\ L_n
\end{bmatrix}
=
\begin{bmatrix}
\sum_{k=1}^{m} \sigma_k^* \sigma_k^1 \\
\sum_{k=1}^{m} \sigma_k^* \sigma_k^2 \\
\vdots \\
\sum_{k=1}^{m} \sigma_k^* \sigma_k^n
\end{bmatrix}
\tag{6-14}
$$

解得回归系数 $\boldsymbol{L} = [L_1, L_2, \cdots, L_n]^T$，则任意 k 点位置应力值可根据多函数叠加计算（见式 6-12）。

6.2.1.3 回归方程的相关性与检验

为了检验上述多元回归方程因变量与自变量的相关性，将 σ_k^i 作为的自变量，σ_k 为因变量，设有 m 个测点，则剩余平方和为

$$Q = \sum_{k=1}^{m} \left(\sigma_k^* - \sum_{i=1}^{n} L_i \sigma_k^i \right)^2 \tag{6-15}$$

$$U = \sum_{k=1}^{m} (\sigma_k - \overline{\sigma}_k)^2 \tag{6-16}$$

总离差：

$$S = Q + U \tag{6-17}$$

复相关系数：

$$R = \sqrt{1 - Q/S} \tag{6-18}$$

为了表示方便，将 R^2 称为决定系数，为回归曲线与样本拟合度的相对指标，当 R^2 接近 1 时，说明回归方程拟合度好，反之，若 R^2 越小，说明回归方程拟合度越差。当 m 测点样本数大于 n 的 5~10 倍时，复相关系数 R 才有效，当 $m = n$ 时，需要进行 F 检验。

$$F = \frac{U/n}{Q/(m-n-1)} \tag{6-19}$$

取显著性水平 $\alpha = 0.05$，若 $F(n, m-n-1)$ 表示 n 个变量显著性效果较好。

6.2.2 地应力分布规律及数据分析

6.2.2.1 地应力分布规律

目前我国积累了大量的地应力实测资料，诸多学者采用回归分析法对地应力分布规律进行了研究，并将深部和浅部地应力实测资料作为整体统一分析。近年来，景锋等人通过收集代表性的实测地应力数据，建立了我国地应力随埋深分布的散点分布图，以及最大与最小主应力之比随埋深分布图。对三大类岩性的地应力分布进行统计分析，揭露了不同岩性地应力分布特性。从地应力散点分布图看，基本规律为垂直应力接近上覆岩层自重，最大最小主应力随埋深增加而增大，总体大致呈线性关系。

由于地应力实测数据具有一定的离散型、不均匀性，地应力分布规律往往在浅部（埋深<500m）与深部（埋深>500m）不一致，如最大水平主线性趋势分布，如图6-4所示，在埋深500m处曲线呈现拐点，加之某些区域地质、地形等情况不同，特定区域地应力的分布往往并不一定保持线性关系。因此有必要针对具体埋深范围、地质构造、地形、岩性条件等因素进行相应的地应力分布规律研究。

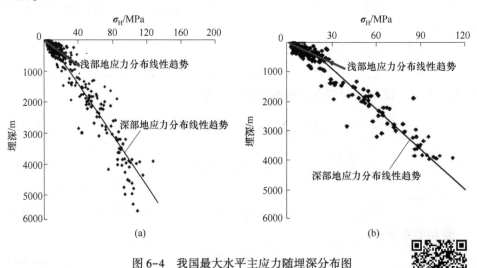

图6-4 我国最大水平主应力随埋深分布图

(a) 所有岩性；(b) 变质岩

扫一扫看彩图

6.2.2.2 地应力测量数据分析

宜昌某磷矿区地形复杂，山势陡峻，沟谷深切，沿沟谷两侧悬崖密布，陡壁连绵。地形总体坡度大于 40°，区内最高海拔为 860~1200m，相对高差最大达 340m，区内岩体破碎，伴有大的断裂，矿体为中厚，呈缓倾斜层状产出，开采水平距地表最近处（河流）约 150m 高差，中段开拓工程布置在 710m 水平标高左右。为了安全、合理布置开拓工程，防止采矿活动带来地表山体塌陷及河床断裂，需研究地应力分布状况。

本书收集肖本职等人的实测地应力资料进行研究分析，并对 38 个浅部地应力实测数据进行回归分析，得到矿区水平地应力分布规律。分为 A 组和 B 组。由于最大和最小水平主应力是矢量，为了对地应力实测数据进行回归计算分析，需要进行方向归一化处理，即将它们的大小和方向转换到水平面上 3 个应力分量（2 个正应力和 1 个剪应力）来进行分析。图 6-5 所示为 oxy 及 $ox'y'$ 两坐标系应力关系，按斜截面上的应力公式可得坐标转换前后应力关系如式（6-20），地应力数据及转换应力值见表 6-1 和表 6-2。

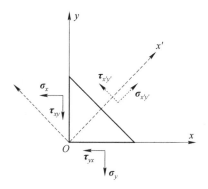

图 6-5　不同坐标系应力关系

$$\begin{cases} \boldsymbol{\sigma}_{x'} = \boldsymbol{\sigma}_x l_1^2 + \boldsymbol{\sigma}_y m_1^2 + 2\boldsymbol{\tau}_{yx} l_1 m_1 \\ \boldsymbol{\sigma}_{y'} = \boldsymbol{\sigma}_x l_2^2 + \boldsymbol{\sigma}_y m_2^2 + 2\boldsymbol{\tau}_{yx} l_2 m_2 \\ \boldsymbol{\tau}_{x'y'} = \boldsymbol{\sigma}_x l_1 l_2 + \boldsymbol{\sigma}_y m_1 m_2 + \boldsymbol{\tau}_{yx}(l_1 m_2 + l_2 m_1) \end{cases} \tag{6-20}$$

式中，l_1 为 x' 方向上的余弦，表示为 $l_1 = \cos(x', x)$，同理，$l_2 = \cos(y', x)$，$m_1 = \cos(x', y)$，$m_2 = \cos(y', y)$。

表 6-1　A 组地应力数据

测点序号	深度/m	实测水平主应力值/MPa			应力转换值/MPa		
		σ_2	σ_3	方向	σ_x	σ_y	τ_{xy}
1	150.3	7.1	5.1		6.8	5.4	0.7
2	167.6	8.9	5.9	N113°E	8.4	6.3	1.1
3	193.3	9.6	6.4		9.1	6.9	1.1

测点序号	深度/m	实测水平主应力值/MPa			应力转换值/MPa		
		σ_2	σ_3	方向	σ_x	σ_y	τ_{xy}
4	219.3	9.0	5.8		8.5	6.3	1.1
5	289.2	11.7	7.7		11.1	8.3	1.4
6	315.1	10.6	7.0		10.0	7.5	1.3
7	341.7	11.2	8.4	N113°E	10.8	8.8	1.0
8	359.1	14.2	9.0		13.4	9.8	1.9
9	376.2	15.4	9.8		14.5	10.6	2.0
10	384.7	14.1	9.3		13.3	10.0	1.7
11	401.9	13.2	9.2		12.0	10.4	1.8
12	418.8	15.0	9.8	N123°E	13.5	11.3	2.4
13	436.0	16.0	10.6		14.4	12.1	2.5
14	461.0	20.4	12.8		18.5	14.7	3.3
15	469.0	21.1	13.1	N120°E	19.1	15.1	3.4
16	479.6	21.7	13.3		19.6	15.4	3.6

表 6-2　B 组地应力数据

测点序号	深度/m	实测水平主应力值/MPa			应力转换值/MPa		
		σ_2	σ_3	方向	σ_x	σ_y	τ_{xy}
1	150.3	1.5	1.0		1.4	1.1	0.2
2	167.6	1.9	1.3		1.8	1.4	0.2
3	193.3	2.3	1.3		2.2	1.4	0.4
4	219.3	4.2	2.8		4.0	3.0	0.5
5	289.2	10.2	5.5	N113°E	9.5	6.2	1.6
6	315.1	13.4	7.1		13.3	7.2	1.0
7	341.7	12.7	6.7		12.6	6.9	0.9
8	359.1	13.0	7.0		12.8	7.1	0.9
9	376.2	14.3	8.3		14.2	8.5	0.9
10	384.7	13.4	7.2		13.1	7.4	1.2
11	401.9	13.9	7.7	N123°E	13.6	8.0	1.2
12	418.8	15.0	8.1		14.7	8.4	1.4

6.2.3 地应力多元函数回归应用

利用线性、指数、对数、多项式四种函数类型对上述实测地应力进行回归分析，如图 6-6 所示。实测地应力数据存在一定的离散型，各函数类型所拟合的曲线在相关度、趋势都不同，回归函数相关度从大到小依次函数类型为多项式、对数、线性、指数。

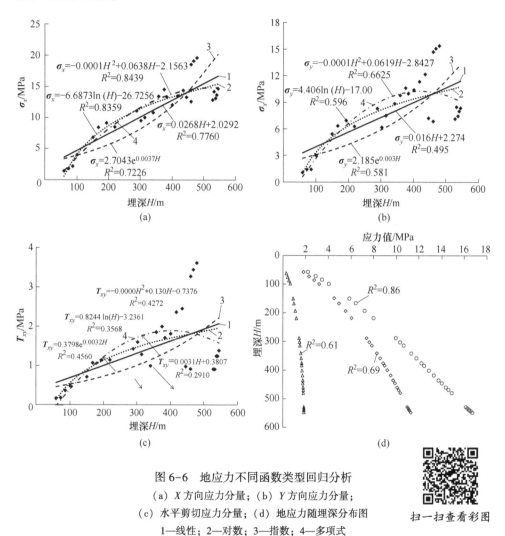

图 6-6 地应力不同函数类型回归分析

（a）X 方向应力分量；（b）Y 方向应力分量；

（c）水平剪切应力分量；（d）地应力随埋深分布图

1—线性；2—对数；3—指数；4—多项式

分别将表 6-1 中的深度值代入上述四类回归函数，可计算在不同函数类型下的应力拟合值 σ_k^i。通过式（6-9）解得回归系数 $\boldsymbol{L} = [L_1, L_2, \cdots, L_n]^T$，利用式（6-7）进一步求得多函数叠加后的回归方程如下。

$$\begin{cases} \boldsymbol{\sigma}_x = 0.6652e^{0.0037H} + 1.6747\ln(H) - 1.5048 \times 10^{-5}H^2 + 0.0227H - 6.7290 \\ \boldsymbol{\sigma}_y = 0.5300e^{0.0033H} + 1.0965\ln(H) - 1.7622 \times 10^{-5}H^2 + 0.0197H - 4.3863 \\ \boldsymbol{\tau}_{xy} = 0.1073e^{0.0032H} + 0.2379\ln(H) - 6.070 \times 10^{-6}H^2 + 0.0048H - 1.0488 \end{cases}$$

$$(6\text{-}21)$$

式中 $\boldsymbol{\sigma}_x$、$\boldsymbol{\sigma}_y$、$\boldsymbol{\tau}_{xy}$ 分别为最大水平主应力、最小水平主应力、水平剪切应力，其值随埋深分布趋势如图 6-5 (d) 所示，采用函数叠加多元回归后，回归方程相关度明显增大，表明曲线拟合度提高，拟合回归值越接近工程实际。

6.2.4 复杂地形下三维应力场反演分析

6.2.4.1 矿区复杂地形多软件耦合建模

通过对 3Dmine-MIDAS-FLAC3D 三种软件耦合，充分利用了三种软件的优点，实现了对复杂地形构造建模、数值模拟分析。模型建立流程如图 6-6 所示。

A 基于 3Dmine 软件建立矿区三维模型

3DMine 软件是基于地测采一体化的三维可视化技术，其与 AutoCAD 兼容性较好，方便实现二维与三维转化与优化，实用性较强。将地形图的 CAD 格式导入 3Dmine 软件，对其等高线逐一赋高程，使之从二维平面转化为三维立体高程。另外，可利用岩层、断层平面图和剖面图建立岩层三维结构模型。本书三维地形建立过程如图 6-7~图 6-10 所示。

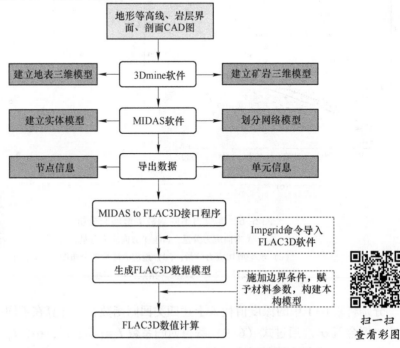

图 6-7 基于 3Dmine-MIDAS-FLAC3D 软件模型建立流程

扫一扫
查看彩图

图 6-8 地形平面图

扫一扫
查看彩图

图 6-9 3Dmine 软件处理后三维地形线

■	1169.31~1203.67
■	1100.59~1169.31
□	1031.88~1100.59
▨	963.16~1031.88
■	894.45~963.16
■	860.09~894.45

扫一扫
查看彩图

图 6-10 3Dmine 建立的三维地形模型

B MIDAS 的建模技术

在 MIDAS 中建立复杂地质模型，可以应用 MIDAS 内嵌工具地形数据生成器 TGM，图形建模法可以实现所见即所得，在 3Dmine 软件中，将处理后三维地形线存储为 DXF 格式文件，导入 MIDAS 内嵌工具地形数据生成器 TGM，通过调整坐标区域、取样点数量（见图 6-11），生成 TGS 格式曲面，在曲面基础上建立矿区三维实体模型，如图 6-12 所示。

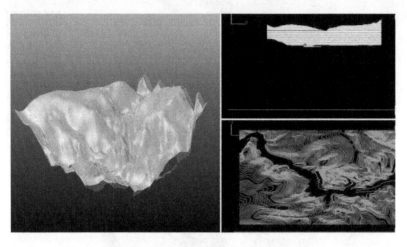

扫一扫
查看彩图

图 6-11　基于 TGM 工具的地形数据生成

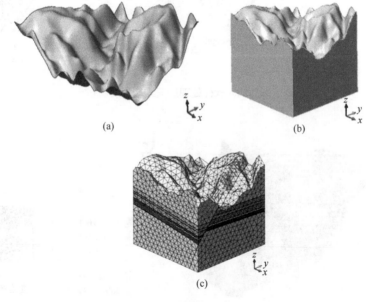

扫一扫
查看彩图

图 6-12　MIDAS 建立的三维模型

（a）TGS 格式曲面；（b）矿区实体模型；（c）网络划分模型

C 网格划分

MIDAS 除了可以较快地划分网格以外,还可以对网格进行检查和分割操作,对复杂模型网格划分与检查十分方便。按照矿山实际地质情况可建立岩层及断层三维结构,在 MIDAS 软件里对不同岩性的岩层划分网格,形成矿区三维网络划分模型。图 6-12 模型尺寸为长×宽×高 = 800m×800m×(460~830)m。模型选取地理西方向为 x 方向,垂直方向为 z 方向,模型共有 22942 个单元和 4816 个节点,为最大程度反映实际工程中断层区域状态,断层考虑为 inierface 分界面,分界面两侧 2m 范围内弱化 1/2。

D MIDAS 模型导入 FLAC3D

MIDAS 与 FLAC3D 模型建模时采用的单元形状基本相同,这为两种软件模型互相导入提供了可能,但两者模型的节点编号的规则和顺序不同,在导入之前需要重新编排,才能实现数据转换,因此需要建立一个转换工具,这种转化工具利用 MATLAB 编制。将 MIDAS 软件所建模型的节点信息和单元信息分别保存至 *.txt 文件中,然后通过转换工具转换成 *.flac3d 文件,在 FLAC3D 中,用 impgrid 命令导入转换后的该 *.flac3d 文件,即可生成 FLAC3D 计算模型,在此基础上施加边界条件,设置初始应力及本构关系,对岩体参数赋值等,进行数值模拟计算。

6.2.4.2 非线性加载边界条件

三维地应力场主要由自重应力场和构造应力场构成,自重应力场可通过对模型施加重力模拟;而构造应力具有方向性且分布不均,以水平主应力分量为主,表现为压应力,可通过在边界面上施加 2 个正应力和 1 个剪应力来实现模拟,即在边界上施加垂直于边界面的正应力 $\boldsymbol{\sigma}_x$、$\boldsymbol{\sigma}_y$ 以及平行于边界面的剪应力 $\boldsymbol{\tau}_{xy}$。应力边界条件是顶面不受约束位移,剩余各面均施加法向约束,在模型 x、y 方向分别施加随深度变化荷载,应力边界条件模型如图 6-13 所示。因施加边界荷载随深度变化为非线性,需编制应力边界施加程序,利用 Fish 语言定义应力指向节点变量函数,通过循环语句命令将随深度非线性变化应力施加至边界节点上,按照式(6-21)应力函数表达式实现在 FLAC3D 软件中加载。

6.2.4.3 矿区应力场模拟结果

在实际工程中,由于岩体存在断层或者结构面等缺陷,工程岩体强度并不同于岩石强度,参考现有的成果,主要采用 Hoek-Brown 法、费辛柯法、M. Georgi 法、莫尔圆法以及经验法等方法对岩石强度进行工程变换,以便得到较为准确的工程岩体强度指标。本书在原有试验成果的基础上,充分考虑试验条件、试验方法等因素的影响，将工程岩体物理力学参数汇总见表6-3。

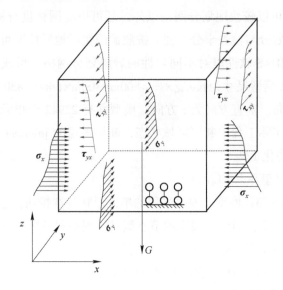

扫一扫
查看彩图

图6-13 应力边界条件模型

表6-3 折减后岩体参数表

岩石名称	天然密度 /kg·m⁻³	体积模量 /GPa	泊松比	抗拉强度 /MPa	黏聚力 /MPa	内摩擦角 /(°)
顶板	2790	1.88	0.28	1.00	4.50	30
磷矿层	3090	1.27	0.30	0.88	4.40	23.6
底板	2830	5.33	0.26	1.02	6.12	28

利用多元叠加函数回归方程计算获得矿区初始地应力函数回归值，并与实测转换值、数值模拟值进行对比，见表6-4和表6-5。由于水平剪应力值相对水平正应力足够小，本书只对正应力结果进行分析。σ_x、σ_y 回归值与实测值之间的相关系数分别为0.86和0.69，回归值与实测值平均误差为1.87MPa。图6-14为地应力实测剖面应力模拟分布图，通过分析对比实测应力值，结果表明数值模拟结果与函数叠加后回归值基本相符，说明多元函数叠加计算得到的初始地应力场是合理可靠的。

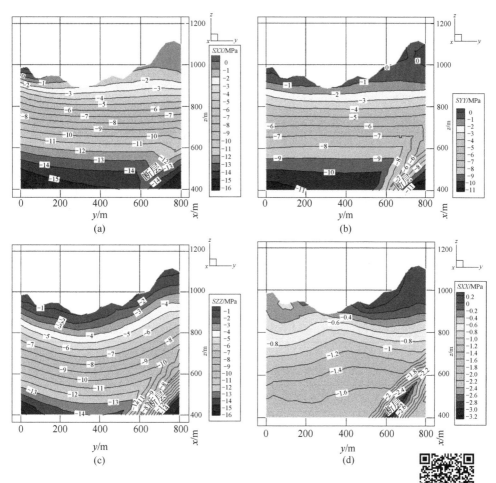

图 6-14 地应力实测剖面应力模拟分布图
(a) x 方向；(b) y 方向；(c) z 方向；(d) xy 方向

扫一扫
查看彩图

表 6-4 A 组地应力分量对比

测点序号	x 方向应力值 σ_x/MPa			y 方向应力值 σ_y/MPa		
	实测转换值	函数叠加计算值	数值模拟值	实测转换值	函数叠加计算值	数值模拟值
1	6.8	5.9	6.2	5.4	4.5	4.60
2	8.4	6.5	6.8	6.3	5.0	5.10
3	9.1	7.3	7.8	6.9	5.5	5.60
4	8.5	8.0	8.9	6.3	6.1	6.20
5	11.1	10.0	10.5	8.3	7.4	7.60

测点序号	x方向应力值 σ_x/MPa			y方向应力值 σ_y/MPa		
	实测转换值	函数叠加计算值	数值模拟值	实测转换值	函数叠加计算值	数值模拟值
6	10.0	10.7	11.0	7.5	7.9	8.00
7	10.8	11.4	11.9	8.8	8.3	8.60
8	13.4	11.8	12.3	9.8	8.6	8.90
9	14.5	12.3	12.8	10.6	8.9	9.10
10	13.3	12.5	13.1	10.0	9.0	9.30
11	12.0	12.9	13.5	10.4	9.3	9.60
12	13.5	13.3	13.7	11.3	9.5	10.00
13	14.4	13.8	14.1	12.1	9.8	10.20
14	18.5	14.4	14.8	14.7	10.1	10.30
15	19.1	14.6	15.0	15.1	10.2	10.40
16	19.6	14.9	15.2	15.4	10.4	10.50

表6-5 B组地应力分量对比

测点序号	x方向应力值 σ_x/MPa			y方向应力值 σ_y/MPa		
	实测转换值	函数叠加计算值	数值模拟值	实测转换值	函数叠加计算值	数值模拟值
1	1.4	2.2	2.5	1.1	1.8	1.8
2	1.8	2.9	3.1	1.4	2.3	2.2
3	2.2	3.5	3.2	1.4	2.8	2.7
4	4.0	4.1	1.0	3.0	3.2	3.1
5	9.5	10.3	10.2	6.2	7.7	7.5
6	13.3	14.0	13.6	7.2	9.9	9.5
7	12.6	14.4	14.0	6.9	10.1	10.0
8	12.8	16.2	14.6	7.1	11.0	10.5
9	14.2	16.3	14.7	8.5	11.1	10.6
10	13.1	16.5	14.8	7.4	11.1	10.6
11	13.6	16.6	14.9	8.0	11.2	10.7
12	14.7	16.7	15.0	8.4	11.2	10.8

图 6-15 为矿区整体地应力分布图，垂直方向应力主要为岩体自重应力。由于地形高差等影响，垂直应力分布大小与地表高差起伏趋势一致。模型中断层由于岩体错动后应力释放，使得断层附近区域三向应力均比同水平区域较小，随着离断层面的距离增大，应力值变化也逐渐减缓。尤其在竖向应力与 y 方向水平应力表现显著。图 6-16 为矿区水平地应力分布图，由于 x 方向与断层走向近似垂直，x 方向应力释放不明显，断层区在 x 方向水平应力变化幅度及范围均较小。

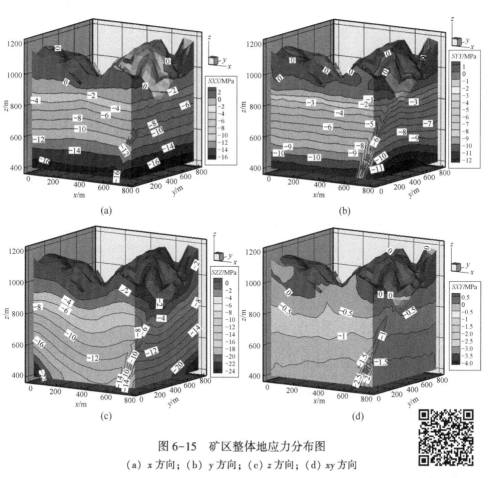

图 6-15　矿区整体地应力分布图
（a）x 方向；（b）y 方向；（c）z 方向；（d）xy 方向

扫一扫
查看彩图

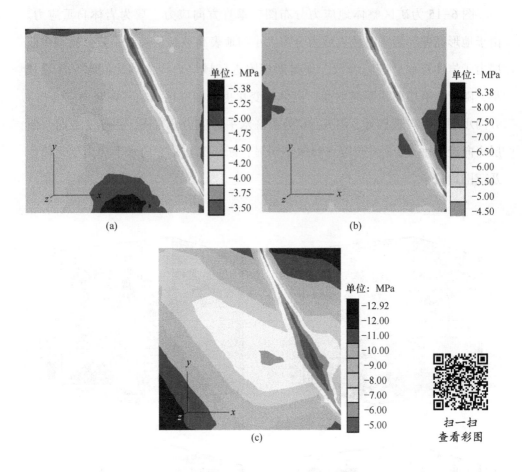

图 6-16 矿区水平地应力分布图
(a) x 方向；(b) y 方向；(c) z 方向

6.3 复杂地形条件下采动影响规律分析

6.3.1 地形地层数值模型建立

宜昌磷矿区地层岩性的不同，地貌形态也具有明显的差异性。某矿区为宜昌磷矿区典型代表，岩层分布多样，上部地层主要以白马沱段、石板滩段为主，下部地层以中亚段为主。岩石类型多为云岩，矿层底板主要为页岩和泥岩。上部云岩以悬崖、峭壁、陡坡、危岩等分布形式为主要特点。陡山沱组和水月寺群，由于抗风化和抗侵蚀能力相对较弱，常构成中陡—中缓坡地形。本书汇总各地层分布情况及其岩石力学参数见表 6-6。

表6-6 地层及岩石力学参数

地层代号	地层	岩石名称	天然密度 /kg·m⁻³	黏聚力 /MPa	抗拉强度 /MPa	内摩擦角 /(°)
Z_2dn_3	白马沱段	泥晶云岩	2790	0.70	1.80	34.30
Z_2dn_2	石板滩段	粉晶云岩、泥晶云岩	2840	0.52	0.90	31.68
Z_2dn_1	蛤蟆井段	粉晶云岩	2870	0.47	0.82	30.50
Z_2d_4	白果园段	粉晶云岩及泥晶云岩	2840	0.52	0.90	31.68
Z_2d_3	王丰岗段	泥晶云岩	2830	0.65	1.60	33.63
$Z_2d_2^2$	胡集上亚段	粉晶云岩、泥粉晶云岩	2810	0.57	0.99	32.87
Ph_2^2	磷矿层	泥晶磷块岩	3090	0.46	0.86	32.49
$Z_2d_1^2$	樟村坪中亚段	云质泥岩、含钾页岩	2830	0.65	1.60	33.63

按照上述地层分布特征，建立复杂地形结构下地层数值模型。不同的地形条件下，采动影响模式、覆岩移动规律、破坏形式差异较为明显。为了分析复杂地形地层结构下采动影响情况，选取矿区典型的陡峭和缓坡地形，建立数值计算模型，计算空场法、充填法不同推进顺序下变形及应力分布特征，揭示复杂地形下采动影响规律。数值计算模型长高均为600m，数值计算模型网格图如图6-17所示。

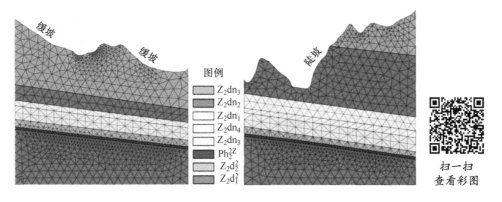

图6-17 数值计算模型网格图

6.3.2 顺逆坡采动影响模式分析

6.3.2.1 空场法顺逆坡采动影响

采用空场法开采时，矿柱破坏后形成空区连通、岩层整体失稳、顶板大面积冒落，引发大规模岩移、地表裂缝。为获得复杂地形下空场法开采对上覆岩层的影响程度，综合分析采场沿坡面推进的顶板位移、矿柱应力变化规律。建立沿坡面推进的数值计算模型，其主应力张量及变形速度矢量图如图6-18所示。图6-19显示空场法顺坡面推进垂直位移分布，随着空区面积扩大，岩层位移逐渐加大，当采场推进至160m时，顶板最大竖向位移达0.46m，地表下沉量达0.15m，可见，空场法开采给安全生产、地质灾害带来巨大安全隐患。

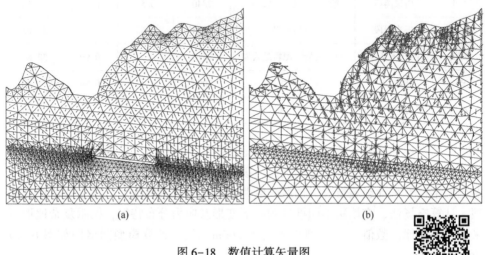

(a)　　　　　　　　　　　　　　　(b)

图 6-18　数值计算矢量图

(a) 主应力张量；(b) 变形速度矢量图

扫一扫查看彩图

图6-20为空场法不同推进方式位移情况，采用逆坡和顺坡推进时，位移大小相近，这说明采用空场法开采，采场的不同推进方向的差异性不明显。

图6-21为空场法不同推进方式应力情况，采场顺坡推进时，垂直应力变化缓慢，而逆坡推进与之相反，水平应力差异不明显。

6.3.2.2 充填法顺逆坡采动影响

为了避免采场受地形波动应力影响，将采场垂直坡面布置，采场开采顺序的方向，即推进方向，有两种方式，一种为逆坡推进，另一种为顺坡推进。图6-22~图6-25分别为陡坡和缓坡地形下不同推进方式位移应力分布。图中显示，逆陡坡和逆缓坡地形下，采场应力和位移均较小。为进一步验证这一规律的正确性，图6-26~图6-31汇总了在采场动态推进过程中，不同推进方式下的应力位移分布情况，结果表明，采场在逆坡推进下应力和位移相对较小，这是由于逆坡开采时，采场距离地表较近，山谷下初始应力小，随着采场向前推进和开采扰动，山峰下的高应力发生卸荷作用，应力的释放导致采场变形和压力减小。

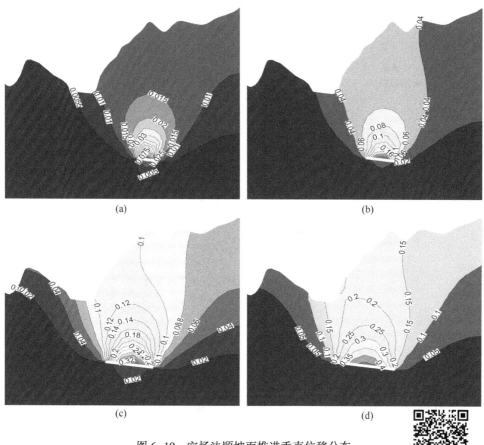

图 6-19 空场法顺坡面推进垂直位移分布

（a）推进 40m；（b）推进 80m；（c）推进 120m；（d）推进 160m

扫一扫查看彩图

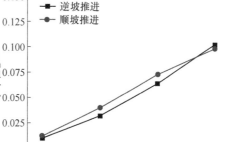

图 6-20 空场法不同推进方式位移分布

（a）垂直位移；（b）水平位移

扫一扫查看彩图

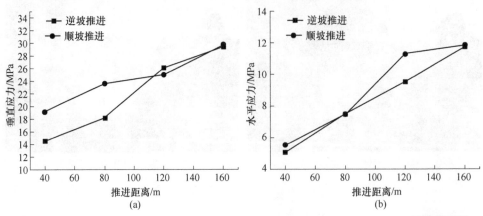

图 6-21 空场法不同推进方式应力分布

(a) 垂直应力；(b) 水平应力

扫一扫查看彩图

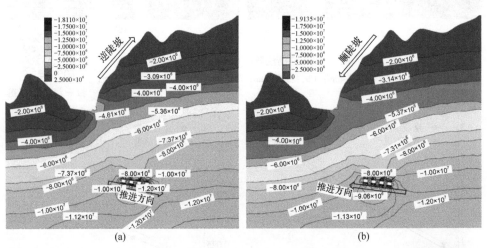

图 6-22 陡坡地形下不同推进方式垂直应力分布

(a) 逆陡坡推进；(b) 顺陡坡推进

扫一扫查看彩图

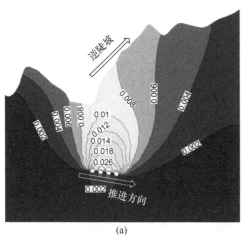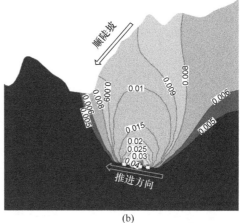

图 6-23 陡坡地形下不同推进方式垂直位移分布

(a) 逆陡坡推进；(b) 顺陡坡推进

扫一扫查看彩图

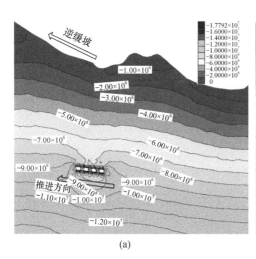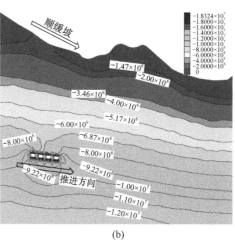

图 6-24 缓坡地形下不同推进方式垂直应力分布

(a) 逆缓坡推进；(b) 顺缓坡推进

扫一扫查看彩图

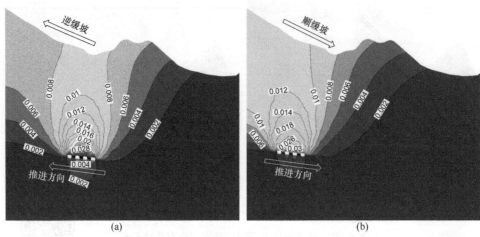

扫一扫查看彩图

图 6-25　缓坡地形下不同推进方式垂直位移分布
（a）逆缓坡推进；（b）顺缓坡推进

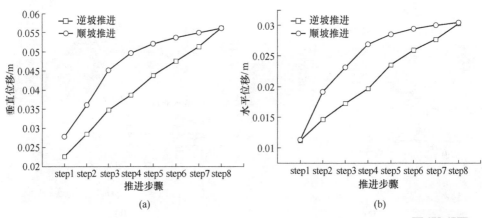

扫一扫查看彩图

图 6-26　陡坡地形采场推进方式位移分布比较
（a）垂直位移；（b）水平位移

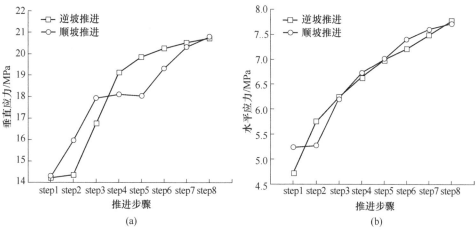

图 6-27 陡坡地形采场推进方式垂直应力比较

（a）垂直应力；（b）水平应力

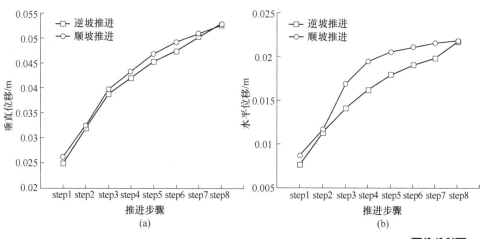

图 6-28 缓坡地形采场推进方式位移分布比较

（a）垂直位移；（b）水平位移

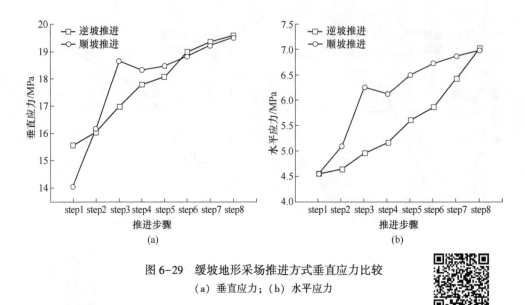

图 6-29 缓坡地形采场推进方式垂直应力比较

(a) 垂直应力；(b) 水平应力

扫一扫查看彩图

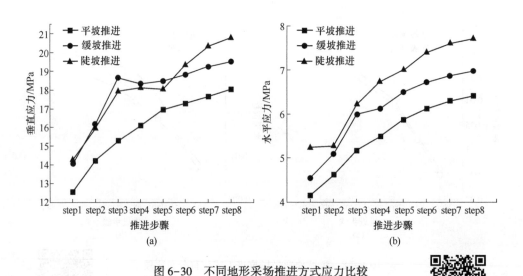

图 6-30 不同地形采场推进方式应力比较

(a) 垂直应力；(b) 水平应力

扫一扫查看彩图

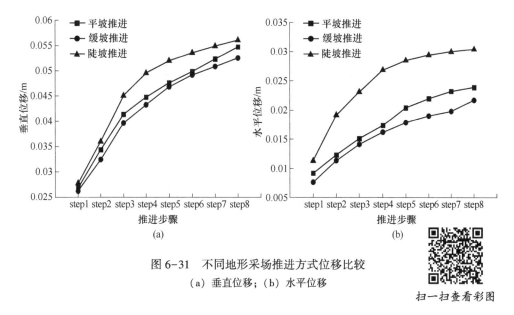

图 6-31 不同地形采场推进方式位移比较

(a) 垂直位移；(b) 水平位移

扫一扫查看彩图

6.4 本章小结

（1）针对复杂条件下地应力反演分析，本章提出一种函数叠加多元回归分析法，该方法是利用多元线性回归法将众多典型函数进行叠加回归，避免单一函数回归类型的拟合度差、偏离度高等问题，回归反演数据更贴近工程实际。通过地应力数值模拟结果分析，验证了多元函数叠加计算得到的初始地应力场是合理可靠的。

（2）宜昌某矿区地应力分布规律为：垂直方向地应力基本为岩体的自重应力，x 方向水平地应力 $\boldsymbol{\sigma}_x$ 在浅部与深部分布规律基本一致，近似线性分布。y 方向水平地应力 $\boldsymbol{\sigma}_y$ 及水平剪应力 $\boldsymbol{\tau}_{xy}$ 在浅部与深部分布规律不同，呈非线性分布。断层发生后，由于应力释放作用，在断层带附近区域应力值较小，应力值变化幅度较大，随着离断层面的距离增大，应力值变化逐渐变缓。

（3）针对 FLAC3D 软件对复杂地形和断层构造矿区建模复杂、工作量大、精度不高等问题，基于 3Dmine-MIDAS-FLAC3D 软件耦合建立了复杂地质条件下的矿区整体模型。利用 Fish 语言编制多元函数回归方程应力加载程序，实现了对随深度非线性变化的应力的侧向加载，避免了传统单一线性应力方程加载应力所造成的误差大、精确性差等缺点。

（4）研究了复杂地形条件下采动影响模式，分析陡坡和缓坡地形下不同推进影响，采用空场法开采时，采场的不同推进方向的差异性不明显；采用充填法开采时，采场在逆坡推进下应力和位移相对较小，即逆坡推进为充填法开采的较优开采顺序。

7 采空区群稳定性精细化预测

在地下矿山开采中，采用空场法开采后形成了大量采空区群，其稳定性控制是矿山生产过程中面临的关键技术难题之一。当矿柱宽度、矿柱高度、顶板荷载、岩体强度等参数处于临界范围时，稍有变化将可能引发采空区失稳、坍塌，进而诱发矿区大规模垮塌，对地质环境、矿山的安全生产造成极大破坏和威胁，因此，研究采空区群系统的失稳机制具有重要意义。岩石是一种能够储备高应变能的材料，地下开采后，采空区为岩石能力的释放提供条件，岩石所积累的应变能和势能随着开采的不断变化，当这种能量平衡被打破时，将导致突发性的失稳。在开采三维空间、开采时间、应力变化的五维环境下，由顶板和矿柱构成的采空区群系统的破坏过程是一个涉及蠕变、突变过程，是一个复杂的非线性力学问题。

以研究岩体力学为主的采空区稳定性问题，可以用多种多样的力学理论和方法分析，如流变力学、断裂力学、非连续介质力学、弹塑性理论、灰色理论、耗散结构理论、系统工程理论等。这些理论中突变理论应用相对较多，如谭毅等基于损伤力学和突变理论，建立了条带煤柱开采时形成的采空区群系统失稳模型。徐恒等建立了顶板结构的尖点突变力学模型，计算充填体下的采空区稳定性及失稳机制。夏开宗等基于非线性力学观点，构建了矿柱—护顶层支撑体系发生破坏的力学模型。王金安等基于岩体流变力学理论，建立了采空区流变力学模型，揭示了采空区突变和失稳过程。

以往在研究采空区稳定性时，较多应用二维平面力学，不能直观表达三维真实情况，且研究较多集中于研究单个或几个采空区，缺少对采空区群系统的整体稳定性研究，有的研究采用单一理论，未能全面、精准反映采空区群系统的动态破坏过程。针对这些问题，本书在前人研究的基础上，依据弹性力学、蠕变和突变力学理论，建立了矿柱顶板为系统的采空区群模型，在三维环境下，将矿柱—顶板系统等效为一系列 Burger 体蠕变力学模型，应用突变理论分析失稳机制，得到在不同采空区群参数下，矿柱宽度、矿柱高度、顶板荷载、岩体强度等系列主控因子影响特性，以及各主控因子临界值分布规律。在矿柱蠕变作用下，可以对采空区稳定时限进行预测，这些为采空区群系统稳定性分析、识别、控制提供了量化参考，是实现矿山安全、高效、经济开采不可缺少的关键数据。

7.1　采空区群顶板—矿柱系统力学模型

7.1.1　力学模型构建

7.1.1.1　采场力学模型构建

矿房矿柱呈条形式依次间隔布置,开采时,通常将若干个条形矿房矿柱组合成一个开采单元,开采后,形成由若干个矿柱支撑顶板的系统。采场剖面如图7-1所示。在三维空间上,矿柱可等效为弹性体,采场顶板可等效为弹性薄板,系统受力主要考虑顶板上方的垂直应力,设采场顶板长宽分别为$2a$和$2b$,且$a>b$,采场高度为h,构建矿柱顶板力学模型体系如图7-2所示。

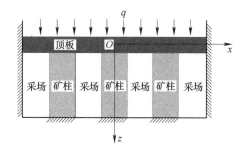

图 7-1　采场剖面示意图

扫一扫查看彩图

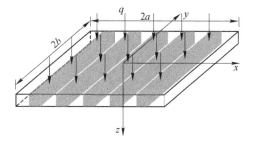

图 7-2　矿柱与顶板力学模型体系

扫一扫查看彩图

Burgers体蠕变模型能够描述弹性应变、衰减和稳态蠕变的力学模型,将矿柱系统等效为一系列Burgers体支撑的模型,建立顶板—矿柱弹性模型,如图7-3所示,顶板上覆岩层的均布荷载记为q_0,顶板密度为ρ,抗拉强度为σ_T,Burgers体元件简写为B。

顶板—矿柱系统模型的控制方程为

$$D \nabla^4 w + \xi \sigma = q_0 \tag{7-1}$$

式中,D为顶板刚度,$D = Eh^3 / [12(1 - v^2)]$;w为顶板的下沉挠度;ξ为矿柱支撑顶板的面积与顶板总面积的比率,称之为面积比率;σ为矿柱应力。

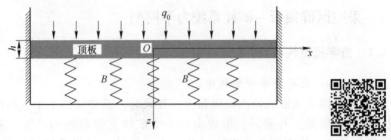

图 7-3 顶板—矿柱弹性模型

扫一扫查看彩图

7.1.1.2 顶板挠度算法

矿房开采后，采空区群系统发生破坏要经历三个阶段，每个阶段支撑顶板模型如下。

阶段Ⅰ：固支边界模型。在开采初始条件下，矿柱和顶板均未发生破坏，此时可视为固支模型，顶板的挠度曲方程为

$$w(x, y) = w_0 \varphi(x, y) \tag{7-2}$$

$$\varphi(x, y) = \frac{1}{a^4 b^4}(x^2 - a^2)^2(y^2 - b^2)^2 \tag{7-3}$$

式中，w 为顶板的下沉挠度；w_0 为顶板中心下沉挠度；a、b 为顶板的长宽的 1/2。

阶段Ⅱ：简支边界模型。随着矿柱的承载力逐渐下降，顶板下沉位移逐渐变大，进而导致顶板边缘发生塑性变形。当顶板边缘开始发生破坏时，固支模型转化为简支模型，此时有：

$$\varphi(x, y) = \cos \frac{\pi x}{2a} \cos \frac{\pi y}{2b} \tag{7-4}$$

顶板边缘破坏条件为

$$u_1 \geq \lambda_1 = \frac{[\boldsymbol{\sigma}_T] a^2 h^2}{48D} \tag{7-5}$$

式中，h 为顶板的厚度；D 为顶板的刚度；$[\boldsymbol{\sigma}_T]$ 为顶板抗拉强度；λ_1 为常数。

利用 MATLAB 软件将式（7-3）和式（7-4）函数方程绘制成三维曲面，如图 7-4 所示，图中可以看出，固支模型的顶板下沉挠度呈"尖细状"，简支模型的顶板下沉挠度呈"宽粗状"，且中心下沉挠度范围明显增大。

阶段Ⅲ：自由边界模型。当顶板边缘整体破坏时，四周支撑相当于自由边，矿柱完全支撑着顶板及其上覆岩层的荷载，此时，顶板下沉挠度与其刚度无关，主要受矿柱自身强度影响，即 $D=0$，$w=u$，此时有

$$\varphi(x, y) = 1 \tag{7-6}$$

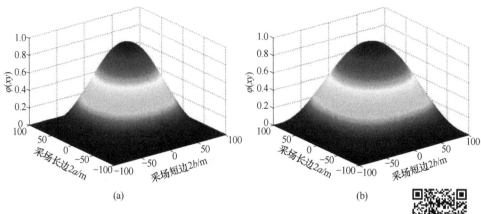

图 7-4 顶板中心下沉挠度三维曲面

（a）固支模型；（b）简支模型

扫一扫查看彩图

顶板整体破坏时的条件为

$$u_2 \geqslant \lambda_2 = \frac{2[\boldsymbol{\sigma}_T]a^2 b^2 h^2}{3(b^2 + a^2 \nu)\pi^2 D} \tag{7-7}$$

式中，ν 为顶板的泊松比；λ_2 为常数。

根据损伤力学理论，矿柱应力应变关系可用 Weibull 分布描述，其应力应变关系 $\boldsymbol{\sigma}\text{-}\varepsilon$ 如下

$$\boldsymbol{\sigma} = E_0(t)\varepsilon \exp[-(\varepsilon/\varepsilon_0)^m] \tag{7-8}$$

式中，$\boldsymbol{\sigma}$、ε 分别为矿柱的应力应变、ε_0 为曲线 $\boldsymbol{\sigma}\text{-}\varepsilon$ 峰值点的平均数；m 为试验拟合的均匀性指标。Weibull 分布 $\boldsymbol{\sigma}\text{-}\varepsilon$ 峰值前的曲线与一元三次函数曲线具有较高的相似性，$\boldsymbol{\sigma}\text{-}\varepsilon$ 峰值前曲线也可用下列表达式表示：

$$\boldsymbol{\sigma} = \tilde{E}_1 \varepsilon + \tilde{E}_3 \varepsilon^3 = \frac{\tilde{E}_1 w}{H} + \frac{\tilde{E}_3 w^3}{H^3} \tag{7-9}$$

式中，$[\boldsymbol{\sigma}_m]$ 为矿柱压缩峰值应力，通过曲线拟合可求得 $\tilde{E}_1$，$\tilde{E}_3$。$\tilde{E}_1 = 3E_0(t)/(2e^{1/m})$，$\tilde{E}_3 = -E_0^3(t)/(2e^{3/m}[\boldsymbol{\sigma}_m]^2)$。

7.1.1.3 采场蠕变模型

矿柱变形具有随时间变化的蠕变性，采用 Burgers 体模型来计算，如图 7-5 所示，本构方程如下。

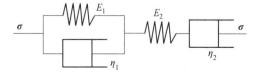

图 7-5 矿柱 Burgers 物理本构模型

$$\ddot{\sigma} + \left(\frac{E_2}{\eta_1} + \frac{E_2}{\eta_2} + \frac{E_1}{\eta_1} \right) \dot{\sigma} + \frac{E_1 E_2}{\eta_1 \eta_2} \sigma = E_2 \ddot{\varepsilon} + \frac{E_1 E_2}{\eta_1} \dot{\varepsilon} \tag{7-10}$$

式中，σ 为矿柱应力；E_1、E_2 为弹性系数；η_1、η_2 为黏性系数。

令 $\dfrac{E_2}{\eta_1} + \dfrac{E_2}{\eta_2} + \dfrac{E_1}{\eta_1} = \alpha_1$，$\dfrac{E_1 E_2}{\eta_1 \eta_2} = \alpha_2$，$E_2 = \alpha_3$，$\dfrac{E_1 E_2}{\eta_1} = \alpha_4$。

则式 (7-10) 可写为

$$\ddot{\sigma} + \alpha_1 \dot{\sigma} + \alpha_2 \sigma = \alpha_3 \ddot{\varepsilon} + \alpha_4 \dot{\varepsilon} \tag{7-11}$$

联立式 (7-1) 和式 (7-11)，消去矿柱应力 σ 得

$$D \nabla^4 (\ddot{w} + \alpha_1 \dot{w} + \alpha_2 w) + \frac{\xi}{H} (\alpha_3 \ddot{w} + \alpha_4 \dot{w}) = q_0 \tag{7-12}$$

7.1.2 挠度曲线方程

将式 (7-1) 与式 (7-2) 联立，通过伽辽金法求得

$$\int_{-a}^{a} \int_{-b}^{b} \left(wD \nabla^4 \varphi + \frac{\xi \tilde{E}_1}{H} w\varphi + \frac{\xi \tilde{E}_3}{H^3} w^3 \varphi^3 - q_0 \right) \varphi \mathrm{d}x \mathrm{d}y = 0 \tag{7-13}$$

令：

$$\begin{cases} \displaystyle\int_{-a}^{a} \int_{-b}^{b} \varphi \cdot \nabla^4 \varphi \mathrm{d}x \mathrm{d}y = \beta_1, & \displaystyle\int_{-a}^{a} \int_{-b}^{b} \varphi^2 \mathrm{d}x \mathrm{d}y = \beta_2 \\[4mm] \displaystyle\int_{-a}^{a} \int_{-b}^{b} \varphi^4 \mathrm{d}x \mathrm{d}y = \beta_3, & \displaystyle\int_{-a}^{a} \int_{-b}^{b} \varphi \mathrm{d}x \mathrm{d}y = \beta_4 \end{cases} \tag{7-14}$$

阶段 I：当顶板处于固支模型时，将式 (7-3) 代入式 (7-14) 求得

$$\begin{cases} \beta_1 = \dfrac{32768(7a^4 + 4a^2 b^2 + 7b^4)}{11025 a^3 b^3}, & \beta_2 = \dfrac{65536}{99225} ab \\[4mm] \beta_3 = \left(\dfrac{65536}{109395} \right)^2 ab, & \beta_4 = \dfrac{256}{225} ab \end{cases} \tag{7-15}$$

阶段 II：当顶板处于简支模型时，将式 (7-4) 代入式 (7-14) 求得

$$\begin{cases} \beta_1 = \dfrac{\pi(a^4 + a^2 b^2 + b^4)}{16 a^3 b^3}, & \beta_2 = ab \\[4mm] \beta_3 = \dfrac{9}{16} ab, & \beta_4 = \dfrac{16}{\pi^2} ab \end{cases} \tag{7-16}$$

阶段 III：当顶板处于自由边模型时，将式 (7-6) 代入式 (7-14) 求得

$$\begin{cases} \beta_1 = 0, & \beta_2 = 4ab \\[2mm] \beta_3 = 4ab, & \beta_4 = 4ab \end{cases} \tag{7-17}$$

联立式 (7-2) 与式 (7-12)，采用伽辽金法求得

$$\int_{-a}^{a}\int_{-b}^{b}\left[\left(D\nabla^4\varphi + \frac{\xi\alpha_3}{H}\varphi\right)\ddot{w} + \left(\alpha_1 D\nabla^4\varphi + \frac{\xi\alpha_4}{H}\varphi\right)\dot{w} + \alpha_2 D\nabla^4\varphi w - q_0\right]\varphi dxdy = 0$$

$$(7-18)$$

令 $b_1 = \dfrac{D\alpha_1\beta_1 H + \xi\alpha_4\beta_2}{D\beta_1 H + \xi\alpha_3\beta_2}$, $b_2 = \dfrac{D\alpha_2\beta_1 H}{D\beta_1 H + \xi\alpha_3\beta_2}$, $b_3 = \dfrac{\beta_4 q H}{D\beta_1 H + \xi\alpha_3\beta_2}$,

则式 (7-18) 可写成:

$$\ddot{w} + b_1\dot{w} + b_2 w = b_3 \qquad (7-19)$$

式 (7-19) 微分方程通解为

$$w = C_1 e^{r_1 t} + C_2 e^{r_2 t} + \frac{b_3}{b_2} \qquad (7-20)$$

式中, $r_{1,2} = \dfrac{-b_1 \pm \sqrt{b_1^2 - 4b_2}}{2}$; C_1 , C_2 可通过初始条件求得。

根据王金安等研究成果, 矿柱在最初受压时会产生瞬时变形, 阶段 Ⅰ 中式 (7-20) 初始位移和下沉速度为

$$\begin{cases} w\big|_{t=0} = w_0 = \dfrac{\dfrac{441q}{129}}{\left[2\xi E_2 + 9D\left(\dfrac{7}{a^4} + \dfrac{4}{a^2 b^2} + \dfrac{7}{b^4}\right)\right]} \\[3mm] \dot{w}\big|_{t=0} = v_0 = \dfrac{\sigma_0(\eta_1 + \eta_2)}{\eta_1\eta_2} \end{cases} \qquad (7-21)$$

式中, $\sigma_0 = w_0\xi E_2$, 阶段 Ⅱ 、阶段 Ⅲ 位移和速度的初始值分别为上一阶段末期的对应值。

7.2 采空区群系统突变及失稳机制

7.2.1 突变理论分析

突变理论最早是由 Thom 在 1972 年创立的, 用于研究系统从一种稳定状态向另一种稳定状态转化的规律, 最常用的突变形式有尖点突变、折迭突变和燕尾突变。采空区群系统失稳是一个渐进的、非线性过程, 突变理论是计算这种失稳过程的有效方法。对于复杂的内部系统奇点附近不连续问题, 可利用突变理论构建的数学模型, 找到在系统临界点的突跳变化规律, 能有效预测和判别岩体工程稳定性。尖点突变的势函数模型如下

$$V(x) = \frac{1}{4}x^4 + \frac{1}{2}px^2 + qx \qquad (7-22)$$

式中, x 为状态变量; p 和 q 为控制变量, 这三个变量构成系统的相空间。

通过对势函数求导数可获得相空间的平衡曲面方程：

$$\frac{\mathrm{d}V(x)}{\mathrm{d}x} = x^3 + px + q = 0 \tag{7-23}$$

对势函数求二阶导数得系统的奇点集方程：

$$\frac{\mathrm{d}^2V(x)}{\mathrm{d}^2x} = 3x^2 + p = 0 \tag{7-24}$$

联立式（7-23）和式（7-24）得分叉集方程：

$$4p^3 + 27q^2 = 0 \tag{7-25}$$

方程式（7-25）中，p 为非正数是方程有实数解的前提条件，这也是突变产生的必要条件。

图 7-6 为尖点突变模型的示意图，相空间的图形可以看作一个褶皱的曲面，该曲面的折叠图形上分别由上叶、中叶、下叶构成，当平衡曲面位于上叶或下叶时，系统处于发展过程的准稳定状态，平衡曲面位于中叶时，系统处于不稳定状态，即将发生突变，进入一新的平衡状态。

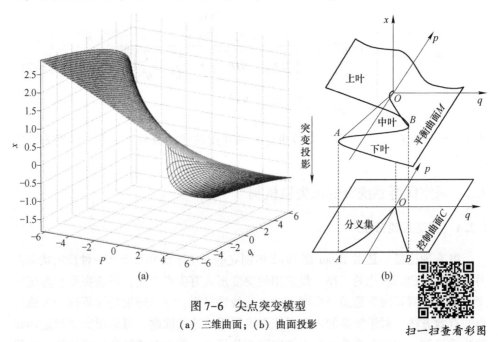

图 7-6　尖点突变模型

（a）三维曲面；（b）曲面投影

扫一扫查看彩图

7.2.2　采空区群系统势函数构建

从能量转化角度分析，采空区群系统势函数表达式如下

$$U = U_e + U_s - W \tag{7-26}$$

式中，U_e，U_s 分别为顶板和矿柱的应变能；W 为外力作用所作的功。

按照薄板的弯曲理论，在固支、简支、自由边模型下，顶板应变能 U_e 的表达式均不同。

阶段 I：当顶板处于固支模型时，应用薄板理论的顶板应变能表达式如下

$$U_e = \mu u^2 = \frac{Du^2}{2} \iint_A \left(\frac{\partial^2 \varphi}{\partial x^2} + \frac{\partial^2 \varphi}{\partial y^2} \right)^2 \mathrm{d}x\mathrm{d}y \tag{7-27}$$

利用 MATLAB 软件解算出：

$$\mu = \frac{16384D(7a^4 + 7b^4 + 4a^2b^2)}{11025a^3b^3}$$

阶段 II：当顶板处于简支模型时，顶板应变能表达式如下

$$U_e = \mu u^2 = \frac{Du^2}{2} \iint_A \left\{ \left(\frac{\partial^2 \varphi}{\partial x^2} + \frac{\partial^2 \varphi}{\partial y^2} \right)^2 + 2(1-v)\left[\left(\frac{\partial^2 \varphi}{\partial x \partial y} \right)^2 - \frac{\partial^2 \varphi}{\partial x^2} \frac{\partial^2 \varphi}{\partial y^2} \right] \right\} \mathrm{d}x\mathrm{d}y$$

$$\tag{7-28}$$

利用 MATLAB 软件解算出：

$$\mu = \frac{\pi^4 D(a^2 + b^2)^2}{32a^3b^3}$$

阶段 III：当顶板处于自由边模型时，顶板应变能为零。

矿柱压缩应变能 U_s 为

$$U_s = \xi \iint_A \left(\int_0^w \delta F \mathrm{d}w \right) = \left(\frac{\xi \tilde{E}_1}{2H} \iint_A \varphi^2 \mathrm{d}x\mathrm{d}y \right) u^2 + \left(\frac{\xi \tilde{E}_3}{4H^3} \iint_A \varphi^4 \mathrm{d}x\mathrm{d}y \right) u^4 \tag{7-29}$$

外力作的功 W 为

$$W = \left(q_0 \iint_A \varphi \mathrm{d}x\mathrm{d}y \right) u \tag{7-30}$$

由式（7-22）~式（7-25）得势函数表达式：

$$U = \left(\frac{\xi \tilde{E}_3}{4H^3} \iint_A \varphi^4 \mathrm{d}x\mathrm{d}y \right) u^4 + \left(\mu + \frac{\xi \tilde{E}_1}{2H} \iint_A \varphi^2 \mathrm{d}x\mathrm{d}y \right) u^2 - \left(q_0 \iint_A \varphi \mathrm{d}x\mathrm{d}y \right) u \tag{7-31}$$

对式（7-31）求偏导数，得

$$\frac{\partial U}{\partial u} = 2\mu u + \left(\frac{\xi \tilde{E}_1}{H} \iint_A \varphi^2 \mathrm{d}x\mathrm{d}y \right) u + \left(\frac{\xi \tilde{E}_3}{H^3} \iint_A \varphi^4 \mathrm{d}x\mathrm{d}y \right) u^3 - q_0 \iint_A \varphi \mathrm{d}x\mathrm{d}y = 0 \tag{7-32}$$

对式（7-32）整理成如下格式：

$$u^3 + pu + q = 0 \tag{7-33}$$

其中：

$$
\begin{cases}
p = -\dfrac{4\mu e^{\frac{3}{m}}H^3[\boldsymbol{\sigma}_m]^2}{\xi E_0^3(t)\beta_3} - \dfrac{3[\boldsymbol{\sigma}_m]^2 H^2 e^{\frac{2}{m}}\beta_2}{E_0^2(t)\beta_3} \\[3mm]
q = \dfrac{2[\boldsymbol{\sigma}_m]^2 H^3 e^{\frac{3}{m}}q_0\beta_4}{\xi E_0^3(t)\beta_3}
\end{cases}
\tag{7-34}
$$

7.2.3 采空区群系统突变失稳分析

7.2.3.1 突变失稳计算

由式（7-27）求出系统在处于阶段 I 时 μ_1，将其代入式（7-34）并联立式（7-25），可求出面积率临界值 ξ_1，将其代入式（7-33）求出顶板下沉挠度 u_1，若 u_1 满足式（7-5），则突变点系统处于阶段 I，否则系统将处于阶段 II。同理，以此类推，可判断突变系统处于哪个阶段，计算流程如图 7-7 所示。

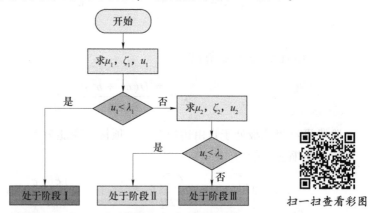

扫一扫查看彩图

图 7-7 采空区群系统突变失稳计算流程图

表 7-1 为双向分层条带式采空区岩体参数，采场长 180m，宽 120m，代入数据求得 $\xi_1 = 0.4713$，$u_1 = 0.1241\text{m}$，$\lambda_1 = 0.0457\text{m}$，故 $u_1 > \lambda_1$，则系统不处于阶段 I。继而求得 $\xi_2 = 0.4912$，$u_2 = 0.1306\text{m}$，$\lambda_2 = 0.0886\text{m}$，故 $u_2 > \lambda_2$，则系统不处于阶段 II，而处于阶段 III。表 7-2 为不同采空区群系统突变失稳计算结果，分别列出在固支模型、简支模型下的顶板位移和破坏条件，表中所列出的采空区群系统均会发生突变，采矿过程中要及时对采空区进行充填处理。

表 7-1 采空区群顶板—矿柱岩体力学参数

顶板弹性模量 E/MPa	顶板平均厚度 h/m	顶板刚度 D /MPa·m^{-3}	顶板抗拉强度 $[\boldsymbol{\sigma}_T]$ /MPa	均布荷载 q_0 /MPa	矿柱初始高度 H /m	矿柱初始弹性模量 E_0/MPa	矿柱峰值抗压强度 $[\boldsymbol{\sigma}_m]$/MPa
8920	10	781141	2	10	8	4800	24

表 7-2　不同采空区群系统突变失稳计算结果

采场参数	方案	方案 1	方案 2	方案 3	方案 4	方案 5	方案 6	方案 7	方案 8
采场参数	a 值/m	100	90	80	70	65	60	55	50
	b 值/m	70	60	50	40	35	30	30	30
固支边界	顶板位移 u_1	0.1096	0.1092	0.1080	0.1059	0.0986	0.0877	0.0867	0.0855
	破坏条件 λ_1/m	0.0933	0.0756	0.0597	0.0457	0.0394	0.0336	0.0282	0.0233
简支边界	顶板位移 u_2	0.1214	0.1188	0.1147	0.1061	0.1035	0.0997	0.0989	0.0981
	破坏条件 λ_2/m	0.2089	0.1640	0.1239	0.0886	0.0727	0.0580	0.0526	0.0470

7.2.3.2　数值模拟分析

采用数值模拟研究分析，将 3Dmine-MIDAS-FLAC3D 三种软件耦合，充分利用软件在图形处理、复杂建模、定制计算等方面优势，分别研究不同采场空区群在不同边界状态下的稳定性。建立的矿区及采场数值计算三维模型如图 7-8 所示。

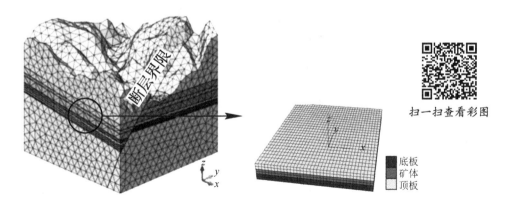

扫一扫查看彩图

图 7-8　矿区及采场三维数值计算模型

图 7-9 为采空区群顶板下沉位移云图（单位：m），采场顶板中心位移及其范围随采场参数的减小而变小。方案 a 顶板中心最大位移区域占采场顶板区域的 1/2，表现出明显的不稳定性，引发顶板大面积垮塌和突变失稳，方案 c 相对较为稳定，方案 b 稳定性居于两者之间。

图 7-10 从三维角度分析同一采空区群系统在阶段Ⅰ和阶段Ⅱ的顶板下沉位移（单位：m），可以看出，阶段Ⅰ、阶段Ⅱ采场顶板下沉中心位移分别为 0.10m 和 0.12m，即简支模型下的顶板位移要大于固支模型，说明采场顶板边缘发生塑性变形后，顶板整体刚度减小，进而导致顶板中心下沉挠度增加，这与理论计算是一致的。

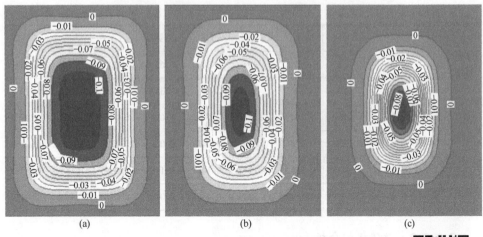

图 7-9　采空区群顶板下沉位移

（a）$a = 110\text{m}$, $b = 80\text{m}$；（b）$a = 90\text{m}$, $b = 60\text{m}$；（c）$a = 50\text{m}$, $b = 30\text{m}$

扫一扫查看彩图

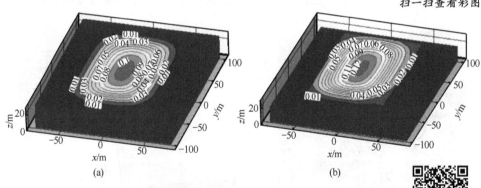

图 7-10　采空区群在不同阶段顶板下沉位移

（a）阶段Ⅰ；（b）阶段Ⅱ

扫一扫查看彩图

7.2.4　采空区群系统蠕变失稳分析

7.2.4.1　求系统阶段Ⅰ破坏时间

矿柱的蠕变参数按照已有研究成果选取，分别为 $E_1 = 8.0 \times 10^5 \text{MPa}$，$E_2 = 5.5 \times 10^4 \text{MPa}$，$\eta_1 = 1.05 \times 10^4 \text{MPa} \cdot \text{h}$，$\eta_2 = 1.98 \times 10^9 \text{MPa} \cdot \text{h}$。由式（7-21）可计算初始位移和下沉速度分别为 $w = 0.0006\text{m}$，$\dot{w} = v_0 = 0.0016\text{m/h}$。$t = 0$ 时，代入式（7-20）得，求解 C_1、C_2，根据这些初值，确定微分方程系数：

$$w = C_1 \mathrm{e}^{r_1 t} + C_2 \mathrm{e}^{r_2 t} + \frac{b_3}{b_2} = -654.833 \mathrm{e}^{-1.001 \times 10^{-7} t} - 2.014 \mathrm{e}^{-76.209 t} + 654.834$$

根据式（7-5）破坏条件，求解上述线性方程，得系统在阶段 I 破坏时间为 688h。

7.2.4.2 求系统阶段 II 破坏时间

阶段 II 的顶板初始位移和速度为阶段 I 结束时的位移和速度，分别为 $w = 0.0457\mathrm{m}$，$\dot{w} = 6.552 \times 10^{-5}\mathrm{m/h}$，$t = 0$ 时，代入式（7-20）得微分方程：

$$w = C_1 e^{r_1 t} + C_2 e^{r_2 t} + \frac{b_3}{b_2} = -2877.093 e^{-2.150 \times 10^{-8} t} - 4.817 e^{-76.195 t} + 2877.139$$

根据式（7-7）破坏条件，求解上述线性方程，得系统在阶段 II 破坏时间为 693h。系统在进入阶段 II 之后，顶板出现破裂，虽然没有整体垮塌，但此时已经处于危险状态，认为顶板已失稳，失稳时间为阶段 I 和阶段 II 破坏时间之和，因此，顶板—矿柱系统破坏时间为 1381h，约为两个月。

7.3 采空区群系统失稳影响因素分析

7.3.1 影响因子对顶板下沉位移影响

顶板下沉位移为采空区群系统稳定性的关键指标，从式（7-33）和式（7-34）可以看出，影响采空区群系统稳定性的主要因子有：采场参数 a 和 b、矿柱支撑率 ξ、均布荷载 q_0、矿柱高度 H、矿柱峰值抗压强度 σ_m、矿柱弹性模量 E_0。下面选取几组不同采场参数，分别分析各影响因子对顶板下沉位移的影响。分别将式（7-15）、式（7-16）代入式（7-33）、式（7-34），可得到以 ξ、q_0、H、σ_m、E_0 为自变量，u 为因变量的隐函数。当其他自变量值一定的条件下，研究某单个自变量对因变量 u 的影响，并绘制成组合曲线，如图 7-11~图 7-16 所示。

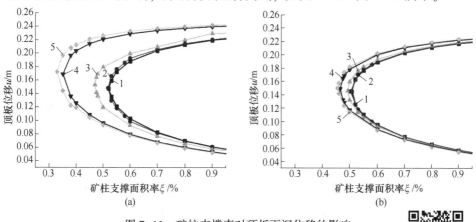

图 7-11 矿柱支撑率对顶板下沉位移的影响

（a）阶段 I；（b）阶段 II

1—$a = 110\mathrm{m}$，$b = 80\mathrm{m}$；2—$a = 90\mathrm{m}$，$b = 60\mathrm{m}$；3—$a = 70\mathrm{m}$，$b = 40\mathrm{m}$；

4—$a = 60\mathrm{m}$，$b = 30\mathrm{m}$；5—$a = 50\mathrm{m}$，$b = 30\mathrm{m}$

扫一扫查看彩图

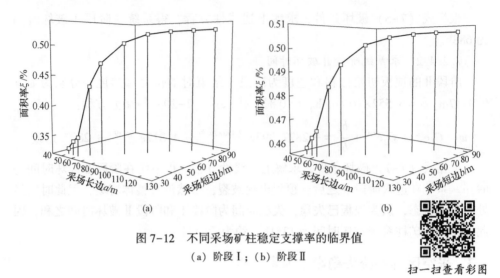

图 7-12 不同采场矿柱稳定支撑率的临界值

（a）阶段Ⅰ；（b）阶段Ⅱ

扫一扫查看彩图

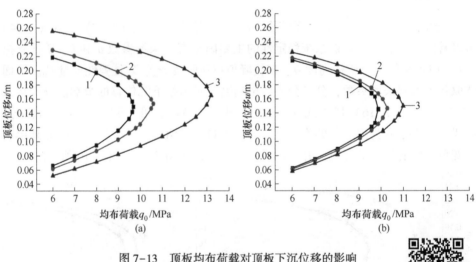

图 7-13 顶板均布荷载对顶板下沉位移的影响

（a）阶段Ⅰ；（b）阶段Ⅱ

1—$a=90m$，$b=60m$；2—$a=70m$，$b=40m$；3—$a=50m$，$b=30m$

扫一扫查看彩图

图 7-11 为矿柱面积比率对顶板位移的影响，对于参数确定的采场，阶段Ⅰ与阶段Ⅱ中曲线均表明：随着矿柱支撑率减小，顶板位移逐渐增大，直至曲线的拐点处（临界值）产生突变失稳；采场长宽参数越大，矿柱支撑率临界值越大。系统由阶段Ⅰ至变化至阶段Ⅱ时，矿柱支撑率临界值均变大，采场参数越小时变化越明显，在阶段Ⅱ，不同采场的矿柱支撑率临界值差值在缩小。图 7-12 为不

同采场矿柱稳定支撑的临界值，当采场参数 $a>90m$，$b>60m$ 时，阶段 I 与阶段 II 中矿柱支撑率的临界值趋于相近，这说明采场长宽参数较大时，固支模型和简支模型对采场顶板位移影响不明显。

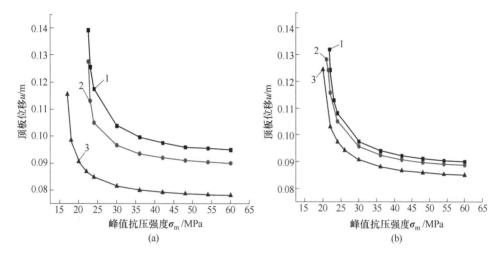

图 7-14　矿柱峰值抗压强度对顶板下沉位移的影响

（a）阶段 I ；（b）阶段 II

1—$a=90m$，$b=60m$；2—$a=70m$，$b=40m$；3—$a=50m$，$b=30m$

扫一扫查看彩图

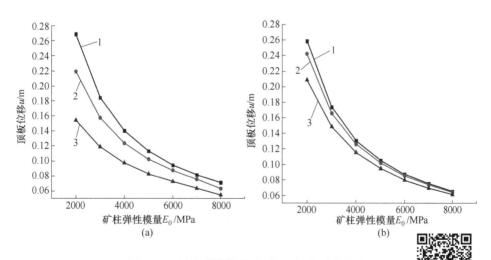

图 7-15　矿柱弹性模量对顶板下沉位移的影响

（a）阶段 I ；（b）阶段 II

1—$a=90m$，$b=60m$；2—$a=70m$，$b=40m$；3—$a=50m$，$b=30m$　扫一扫查看彩图

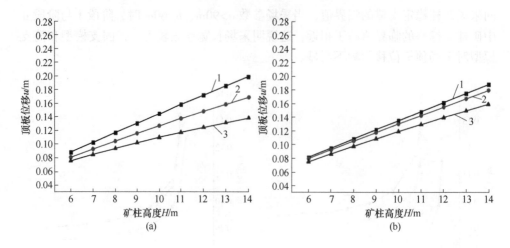

图 7-16 矿柱高度对顶板下沉位移的影响

（a）阶段Ⅰ；（b）阶段Ⅱ

$1—a=90m$, $b=60m$；$2—a=70m$, $b=40m$；$3—a=50m$, $b=30m$

扫一扫查看彩图

图 7-11、图 7-13 中，临界点以下部分为有效研究内容，临界点以上部分无意义，研究不予考虑。从图 7-11~图 7-16 显示顶板位移与矿柱支撑面积率、矿柱峰值抗压强度、矿柱弹性模量呈负相关，与均布荷载呈正相关，与矿柱高度呈线性正相关。顶板—矿柱系统处在固支模式时，采场参数对系统稳定性影响显著，系统处在简支模型时，采场参数对系统的稳定性差异在逐渐缩小。

7.3.2 影响因子对临界点的影响

令 $f=4p^3+27q^2$，与式（7-34）相结合，可组成分别以 ξ、q_0、H、σ_m、E_0 为自变量，$f(\xi)$、$f(q_0)$、$f(H)$、$f(\sigma_m)$、$f(E_0)$ 为因变量的函数。只有当 $f<0$ 时，系统才发生突变，当 $f>0$，系统没有稳定可能性。在矿山生产开采中，通过调节影响因子参数，可以维持系统的稳定性。图 7-17~图 7-20 中显示，分叉集函数 f 与矿柱支撑率、矿柱高度、峰值抗压强度呈负相关，与均布荷载、矿柱弹性模量呈正相关。当 $f<0$ 时，f 值越接近 0 越容易发生突变。在分叉集函数 f 曲线中，当矿柱支撑率、峰值抗压强度大于临界值时，系统将有可能发生突变，小于临界值时，系统在初始状态就不够稳定，均布荷载与之相反。系统在阶段Ⅱ中，不同采场参数间均布荷载对临界点的影响趋于一致。柱弹性模量在超过临界值后，f 值保持恒定的 0 值，此时将不会发生突变。

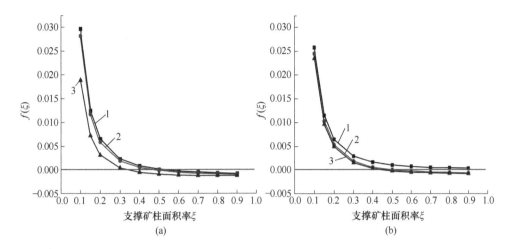

图 7-17 矿柱支撑率对临界点的影响

（a）阶段Ⅰ；（b）阶段Ⅱ

1—$a=90\text{m}$，$b=60\text{m}$；2—$a=70\text{m}$，$b=40\text{m}$；3—$a=50\text{m}$，$b=30\text{m}$

扫一扫看彩图

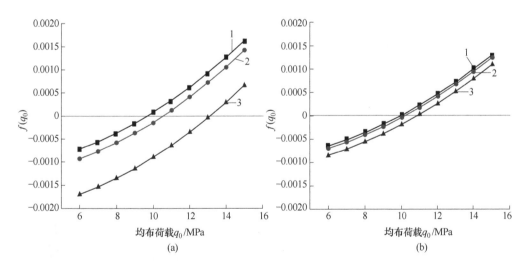

图 7-18 均布荷载对临界点的影响

（a）阶段Ⅰ；（b）阶段Ⅱ

1—$a=90\text{m}$，$b=60\text{m}$；2—$a=70\text{m}$，$b=40\text{m}$；3—$a=50\text{m}$，$b=30\text{m}$

扫一扫看彩图

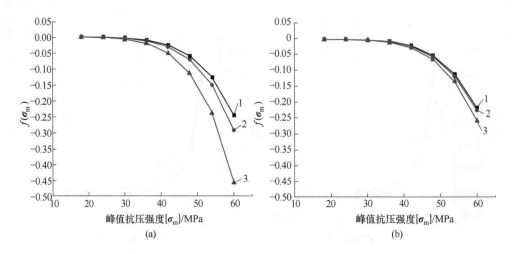

图 7-19　矿柱峰值抗压强度对临界点的影响

（a）阶段Ⅰ；（b）阶段Ⅱ

$1—a=90m,\ b=60m;\ 2—a=70m,\ b=40m;\ 3—a=50m,\ b=30m$

扫一扫查看彩图

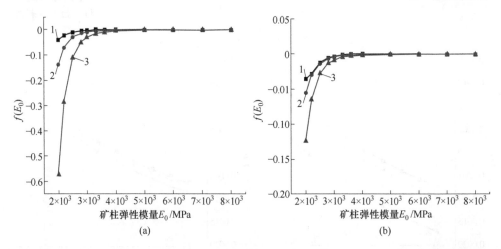

图 7-20　矿柱弹性模量对临界点的影响

（a）阶段Ⅰ；（b）阶段Ⅱ

$1—a=90m,\ b=60m;\ 2—a=70m,\ b=40m;\ 3—a=50m,\ b=30m$

扫一扫查看彩图

7.4　本章小结

（1）以宜昌某磷矿开采为背景，将顶板和矿柱力学系统融为一体、协同分析，综合运用弹性力学、结构力学、系统方法、岩石蠕变和突变理论，构建了矿柱支撑顶板的固定边界、简支边界、自由边界三维力学模型和挠度曲线方程，分析采空区群系统发生的突变机制，得出采空区群系统失稳的力学判据。

（2）将采空区势函数与尖点突变理论相结合，从能量转化的角度建立矿柱-顶板突变失稳力学模型，利用 MATLAB 软件计算突变响应条件，并建立了采空区群系统突变失稳计算流程，通过实例计算和数值模拟分析，得出多种采场参数在不同支撑边界模式下的变形特性和力学响应，从而判别出采空区群系统突变失稳状态。

（3）基于蠕变理论分析采空区群系统动态失稳过程，计算出采空区群系统在复杂蠕变过程中的失稳时间，提出二步骤开采时充填采空区的方案。通过分析突变状态、计算蠕变时间，为优化采场参数、寻找最佳充填方案、稳定性控制、安全隐患管理等方面提供了可靠依据。

（4）对采空区群系统失稳因素进行全面分析，分别研究采场参数、矿柱支撑率、顶板荷载、矿柱高度、矿柱峰值抗压强度及弹性模量对采空区群顶板中心下沉挠度、突变失稳临界值的影响规律，通过调控影响因子参数，可以改变采空区的稳定状态。该方法为采空区群系统稳定性预测及控制提供新的可行思路，可在实际工程中推广应用。

8 矿井三维通风与制冷动态仿真化模拟

8.1 矿井三维通风动态仿真化模拟

井下通风系统是矿床开采系统的一个极其重要的组成部分，直接影响井下作业环境和采矿生产安全。

根据我国国家和地方煤矿安全监察局网站、公开发表的文献资料查阅到的数据统计，2009—2018 年全国煤矿发生的各类型死亡事故中，顶板事故、运输事故、瓦斯事故和其他事故发生比较多，其中瓦斯事故为 722 起（占事故总起数 10.2%）；事故导致的死亡人数中，顶板、瓦斯、运输与其他事故类型死亡人数相对较多，其中瓦斯事故死亡人数为 1530 人（占总死亡人数的 12.5%）。除顶板事故外，瓦斯事故造成的伤害程度更高，死亡人数更多。

另根据应急管理部《2017 年全国非煤矿山生产安全事故统计分析报告》，2017 年全国非煤矿山生产安全事故中，中毒窒息事故 20 起、死亡 48 人，分别占总数的 4.9% 和 9.9%。无论是在事故起数还是事故导致的死亡人数上均位于前三。2013—2017 年十类事故中前三类事故总量变化趋势如图 8-1 所示。

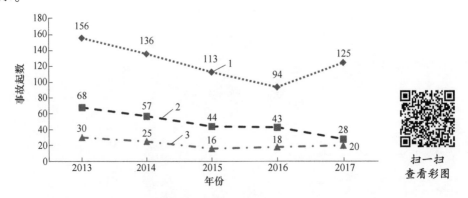

图 8-1　2013—2017 年十类事故中前三类事故总量变化趋势图

1—冒顶坍塌；2—边坡坍塌；3—中毒和窒息

2017 年，较大事故按十类事故类型统计分别为中毒和窒息事故 6 起、死亡 31 人，分别占较大事故总数的 40.0% 和 49.2%。2017 年较大事故按十类事故分布情况如图 8-2 所示。

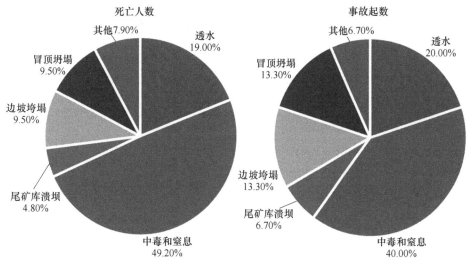

图 8-2 2017 年较大事故按十类事故分布图

扫一扫查看彩图

从以上统计分析可知，井下通风问题所导致的中毒窒息事故较多，造成的伤亡较大，究其原因主要有以下几点：

（1）通风系统设施不完善。没有按照要求安装主要风机，造成井下风量和风速未达到矿山安全标准；在通风不好的采场和作业点，也缺乏局部通风设备。

（2）通风管理措施不到位。缺乏行之有效的安全管理措施，存在漏风、风流短路和污风循环的现象。

（3）废弃井巷处理措施不当。在采掘完后，未对废弃井巷及时进行密闭或封堵。

（4）通风网络混乱，未根据生产进度进行调整，缺乏科学的风流解算手段。

通风系统的研究不仅仅是预防瓦斯爆炸、炮烟引起的中毒窒息等事故，还要明显改善井下工人的作业环境。工人从事的劳动多是重体力劳动，在恶劣的环境下影响士气，降低劳动生产率，无法较长时间的持续工作。大量的现场调查结果表明，当井下的有效温度大于 32℃ 时，劳动人员在生理上就有不适感，表现为心跳加快，出汗量增加；当井下有效温度大于 35℃ 时，人体心脏负担加重，出汗量急剧增加，水盐代谢也急剧加快，面临着极大的热伤害，井下工人的身体健康将受到非常大的损害。而且，工人在恶劣环境下工作，不符合我国"以人为本"的指导思想。井下有效温度对人体生理的影响，见表 8-1。

表 8-1　井下有效温度对人体的影响

有效温度/℃	感觉	生理学作用	机体反应
10	很冷	触觉的敏感度明显下降	肌肉疼痛，妨害表皮血管循环
15	冷	鼻子和手的血管收缩	黏膜、皮肤干燥
20	凉快	利用衣服加强显热散热和调节作用	正常
25	舒适	靠肌肉的血液循环来调节	正常
30	暖和	以出汗方式进行正常体温调节	没有明显的不适感
32	稍热	随着劳动强度增加，出汗量增加	心跳加快
35	热	随着劳动强度增加，出汗量迅速增加	心脏负担加重，水盐代谢加快
40	很热	强烈的热效应影响出汗和血液循环	面临极大的热危害，妨害机体血液循环

矿井通风系统通常是一个复杂的、动态变化的系统，它是由多个子系统构成的有机整体。影响井下通风的因素很多，且具有相当的制约性和随机性。系统中的风量、风压等要素随着井巷特征及其地理空间分布变化而变化，呈现"牵一发而动全身"的特征。

无论是在建设期还是生产期，开拓工程不断延伸、回采工作面数量和位置等采矿生产条件的变化会打破原有通风系统与生产需求之间的平衡，某一时间段的合理的通风系统，过了一段时间就有可能不合理。特别是随着井下开采深度的加深，由于地热、空气压缩、机械设备做功等放热作用加剧，井下热环境恶化，对采用通风降温治理深井热害带来了更大的挑战。因此，为矿山建立一套能适应复杂环境、实现风网动态调节的通风系统非常有必要。

要保证通风系统对复杂环境的适应性、实现风网动态调节的功能性以及系统运行的高效与稳定，往往需要借助现代化的信息管理技术，以计算机作为辅助手段，来对矿井通风系统进行动态的即时管理。采用计算机和智能控制等技术，实现信息化和工业化的深度融合，推动矿山向数字化、智能化和智慧化转变，也是矿山发展的必然之路。

8.1.1　矿井通风仿真理论

系统仿真是 20 世纪 40 年代末以来伴随着计算机技术的发展而逐步形成的一门新兴学科。它是指在不干扰真实系统运行的情况下，为研究系统的性能和构造并在计算机上运行表示真实系统模型的一种技术；是建立在控制理论、相似理论、信息处理技术和计算技术等理论基础上的，以计算机和其他专用物理效应设备为工具，利用系统模型对真实或假想的系统进行试验，并借助于专家经验知识、统计数据和信息资料对试验结果进行分析研究，进而做出决策的一门综合性的和试验性的学科。系统仿真的目的是通过对系统仿真模拟的运行过程进行观察和统计，来掌握系统模型的基本元件，找出仿真系统的最佳设计参数，实现对真实系统设计的改善或优化。

矿井通风系统是通风动力、路线以及控制风流的通风构筑物的总称。把仿真系统应用于矿井通风系统中，便形成了矿井通风仿真系统。矿井通风仿真系统的特点是准确、直观、及时、全面地反映矿井通风状况，可实时地对通风系统进行监控和计算，给管理人员提供系统调整的决策依据，或直接根据计算结果对通风设施进行调节以适应生产需要。可以任意调节通风设施和改变通风网络（如增加删减巷道、风机和通风构筑物，风门大小的调节等）来高效仿真矿井的通风系统变化。

通风仿真系统通常具有以下功能：通风仿真系统图的输入、编辑、修改与显示，通风网路的解算及其结果的处理，通风巷道和节点的方便快捷的查询，通风巷道风流方向和通风参数的自动标注，模拟巷道开掘与报废、风机的开停、风门位置变动等。

矿井通风仿真系统涉及的学科领域包括：矿井通风、图论、数值方法、流体力学定常流动和非定常流动、计算机图形学、人工智能理论、可靠性理论、面向对象程序设计理论、地理信息系统、虚拟现实、燃烧学、火灾科学与数值模拟、可视化理论与编程技术等。

8.1.2 矿井通风仿真系统应用研究

1854 年 JJ. Atkinson 在北英格兰采矿工程师学会发表的学术论文作为矿井通风仿真系统的数学模型雏形，到 20 世纪 20 年代在波兰学者 H. Czeczott、S. Barczyk 等人的推动下研究进入高潮。1936 年，美国学者 Hardy Cross 在水力水管网的解法基础上，提出了逐次计算法，这个算法很好地解决了复杂管路阻力分布问题，被称为 Cross 迭代法。英国学者 D. scott 和 EHinsley 随后进行了改进，并推广到通风网络解算中，被称之为 Scott-Hinsley 算法。日本京都大学的平松良雄教授在此时也提出了"京大第一试算法"和"京大第二试算法"。以 Scott-Hinsley 算法的出现为标志，数学模型研究基本趋于成熟。

1953 年计算机首次被应用来解决通风网络解算的问题后，极大地提高了解算的速度。Scott-Hinsley 算法成了目前被广泛应用的通风网络解算方法，很多矿用通风软件都是在采用此算法的基础上进行开发的。

1967 年，Wang 和 Hartman 根据矿井通风系统的需求，研究开发出用于解算含多风机和自然风压的立体通风网络程序。该程序标志着矿井通风网络解算走向了一个成熟的阶段。随着计算机技术的进步，软件的开发向着人机交互、界面友好发展，并且计算精度、运算速度和处理复杂问题的能力也在提高。

1981 年，Greue 对矿井中污染物的流动变化进行了研究。井下发生火灾时会产生一定量的污染物，利用软件对火灾时的污染物进行模拟是非常有效的方法之一。

在风网解算可视化方面，国外陆续诞生了一些比较知名的软件，包括 VnetPC、VENTGRAPH、CANVENT、MFIRE、VENDIS、Ventilation Design、Ventsim 等软件。

VnetPC 是美国矿井通风协会开发的基于大型机的风网解算软件，支持 dxf 格式文件，能够实现矿井进、回风巷道以不同颜色显示，建立三维通风网络图，并用绘图仪输出图形，较好地解决了自然风压问题。VENTGRAPH 是波兰科学院开发的可视化极强的系统，在世界范围内颇具影响力，其可以模拟火灾逃生路线、可视化仿真、数据自动分析等丰富强大的功能，在波兰有大部分的矿井使用该软件。CANVENT 是第一个 Windows 视窗系统下的通风仿真系统，其图形界面是在 AutoCAD 环境下开发的。

MFIRE 为美国矿业局研究开发的软件，它在矿井火灾风流稳态、准稳态、动态模拟方面具有较成熟的理论和计算方法，并可对火灾时期井下风流状态及烟雾和温度分布进行仿真模拟。

VENDIS 软件和 Ventilation Design 软件均为美国开发，前者具有结果可查、网络规模和观察视点都可交互式改变的特点。后者具有支持交互式设计能力，可三维图形方式显示强制通风与自然通风网络。

Ventsim 是澳大利亚 Chasm 公司研制的一款三维通风模拟软件。它能够构建直观的矿井通风系统三维模型，将选择风门尺寸和风机型号直接输入通风网络，完成通风网络解算。除此之外，还可进行污染物和热的实时模拟，以及通风经济性分析等，是目前世界上应用最为广泛和成熟的通风仿真软件之一。

在国内，矿井通风系统可视化研究工作起步较晚，西安科技大学于 1992 年开发的软件 CFIRE 能够快速插入模拟计算功能，使得建立在严密数学推导基础上的计算机模拟计算首次具备了应用于准实践环境的能力。

山东矿业学院于 1999 年研制出了 "矿井灾变处理系统"，可以二维图形方式显示矿井火灾情况下最佳避灾路线。与国外相比，国内的通风软件虽然已经应用于国内煤炭行业之中，取得了良好的效果，但是都存在可视化程度不高、软件界面不友好、操作复杂以及功能相对单一等不足之处，不能很好地为矿井通风服务。

辽宁工程技术大学开发研制的矿井通风仿真模拟系统（MVSS），综合应用了通风网络理论、集合论、图论、流体力学、人工智能理论、可靠性理论、可视化理论、面向对象程序设计理论以及计算机图形学，完整系统地提出了矿井通风仿真系统数学模型、网络优化调节数学模型、通风网络简化数学模型、角联风路自动识别数学模型、风网特征图绘制模型，研制开发了可视化系统软件，并创造性地实现了信息处理与图形的交互，在通风网络研究方面具有较大的突破，为通风系统优化方案的确定提供了科学的依据。该系统已在甘肃金川有色金属公司二矿区、安徽淮南潘三矿、山西晋城成庄矿进行运用。

8.1.3 矿井通风可视化建模及应用研究

本书以国际上最为流行的 Ventsim 为平台，建立矿井可视化通风系统。对于浅井来说，系统主要考虑排尘、人员、设备等对风量的需求，很少需要考虑井下温度对通风的约束，空气压缩热对系统的影响也较小，但深井开采时对温度非常敏感，空气压缩热将显著增加、围岩放热也是一个重要的因素。通风必须要考虑控制井下热害，除了传统的通风系统参数外，还需要考虑地温梯度、围岩热物理性质参数及各种降温措施，其涉及的理论也更加复杂。鉴于此，本书将从浅井和深井两方面对通风可视化系统的应用进行阐述。

8.1.3.1 通风系统理论

A 迭代技术

Ventsim 软件采用 Hardy-Cross 迭代法求解通风网络，其实质是把图论作为基础，结合风网中风流运动的基本定律，然后依据网络中某一个分支巷道的风量进行初始拟定，近似求出风流的差值 ΔQ_k，其中 ΔQ_k 为修正值，分别对风路中各分支巷道的风量进行修正，反复的迭代计算，直到计算出的修正值 ΔQ_k 满足给定的精度。

B 风量增量值

设有某一分支巷道的风阻值为 R，如果通过该巷道的真实风量为 Q，则该巷道的阻力消耗值可通过阻力定律 $h = RQ^2$ 进行计算，如图 8-3 所示。

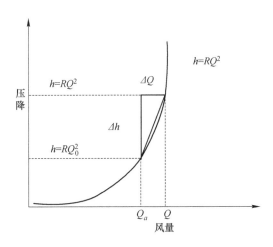

图 8-3 Hardy-Cross 迭代法中的风量压降关系

由图 8-3 可知，风量为 Q 时，如果设定风量值为 Q_a，则

$$Q = Q_a + \Delta Q \tag{8-1}$$

式中，Q_a 为风量的初始拟定值与实际值的差。

为了能够确定实际风量值 Q，需要得出拟定于实际的差值 Q_a，并对拟定的风量 Q_a 进行多次的修正。而且风量的实际阻力消耗与风量假设的阻力消耗之间的差值为

$$\Delta h = RQ^2 - RQ_a^2 \tag{8-2}$$

由图 8-3 可知，Q_a 与 Q 之间相互关系的曲线 $h = RQ^2$ 的斜率可近似地看作 $\Delta h / \Delta Q$，其极限值计算为

$$\lim_{\Delta Q \to 0} \frac{\Delta h}{\Delta Q} = f'(Q_a) = \frac{\mathrm{d}h}{\mathrm{d}Q} \tag{8-3}$$

经曲线微分计算，得

$$\frac{\Delta h}{\Delta Q} = 2RQ_a \tag{8-4}$$

因此，可得出风量误差值为

$$\Delta Q = \frac{\Delta h}{2RQ_a} = \frac{RQ^2 - RQ_a^2}{2RQ_a} \tag{8-5}$$

式中，$RQ^2 - RQ_a^2$ 为压降的平衡差；$2RQ_a$ 为曲线斜率。

式（8-5）是对某一条分支巷道的研究，假设有一条封闭的回路，其中网孔中有 n 条巷道，则整个网孔的压降差的平均值可以由以下公式推算出：

$$\Delta h' = \sum_{i=1}^{n} \frac{(R_i Q_i^2 - R_i Q_{ai}^2)}{n} \tag{8-6}$$

曲线斜率的平均值为

$$K = \sum_{j=1}^{n} \frac{2R_i Q_{ai}}{n} \tag{8-7}$$

得出

$$\Delta Q_k = \frac{\sum\limits_{i=1}^{n} (R_i Q_i^2 - R_i Q_{ai}^2)}{\sum\limits_{i=1}^{n} 2R_i Q_{ai}} \tag{8-8}$$

在通过分支巷道 i 的风量实际值为 Q_i 时，则其平衡差为 $R_i Q_i^2$。在无任何通

风动力的作用下，任一闭合网孔依据风压平衡定律得出，其代数和值为零，即

$$\sum_{i=1}^{n} R_i Q_i^2 = 0 \qquad (8-9)$$

因此，可以简化为

$$\Delta Q_k = \frac{\sum_{i=1}^{n} R_i Q_{ai}^2}{\sum_{i=1}^{n} 2R_i Q_{ai}} \qquad (8-10)$$

若考虑外界机械通风动力和自然通风的作用，则任意的闭合网孔的平衡差的总和为

$$\sum_{i=1}^{n} R_i Q_i^2 = H_{fk} \pm N_{vpk} \qquad (8-11)$$

可以看出，此时回路中分支巷道的曲线平均斜率值为

$$K' = \sum_{i=1}^{n} \frac{2R_i Q_{ai} - a_k}{n} \qquad (8-12)$$

式中，$k = 1, 2, \cdots, M$，M 为独立孔网数；a_k 为风机特征曲线斜率，$\mathrm{d}H_f/\mathrm{d}Q$。

因此，对存在有主要风机和自然风压的相互作用的网孔，其风量修正值是可以用以下公式进行表示：

$$\Delta Q_a = \frac{\sum_{i=1}^{n} (R_i Q_{ai} |Q_{ai}| - H_{fk} \pm N_{vpk})}{\sum_{i=1}^{n} (2R_i |Q_{ai}| - a_k)} \qquad (8-13)$$

8.1.3.2 三维可视化通风仿真模拟的应用

A 单一回风井通风三维模型

云南某铁矿为新建矿山，设计采用地下开采，采用胶带斜井、副井和进风井联合开拓，生产规模为 200 万吨/a。采矿方法主要为无底柱分段崩落法、局部采用房柱法。中段高度为 60m，共划分 1860m、1800m、1740m、1680m、1620m、1560m 共 6 个中段，正常生产时期 2 个中段同时生产。

矿山采用对角双翼式通风系统，新鲜风流主要由副井和进风井进入，经井底车场和石门进入阶段运输巷道，再经穿脉、人行通风天井及天井联络巷进入采场作业面，清洗工作面后，污风汇入上中段回风巷进入回风井，最终抽出地表。

Ventsim 提供了两种构建通风模型的方式：一是直接在软件中绘制三维通风模型；二是通过第三方软件导入模型。目前 Ventsim 支持 CAD 格式文件和 Surpac

线文件导入。对于网络复杂、分支较多的模型来说，采用第三方软件建模完毕后再导入效率更高，直接绘制往往适合模型的局部修改。对于其他矿业三维设计软件的使用者来说，需要将搭建的开拓系统模型保存为 CAD 文件格式后再导入 Ventsim 软件。本案例开拓系统采用 3Dmine 软件根据真实三维坐标设计，采用真实三维坐标建立的通风仿真模型不仅可以保证系统解算结果的可靠度，而且对生产过程更有指导意义，通风构筑物的布置、风速传感器的设置均能保证与实际相符。矿井三维开拓系统如图 8-4 所示。

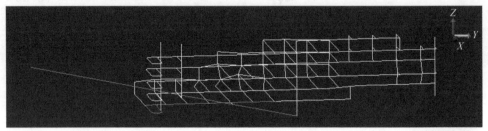

图 8-4　采用 3Dmine 建立的矿井三维开拓系统

扫一扫查看彩图

　　导入后的模型可根据设计需要进行适当简化，对于无须参与解算的风路可以删除，也可以在后续的参数设置中设置成不参与解算。图 8-5 所示为简化后的通风模型。

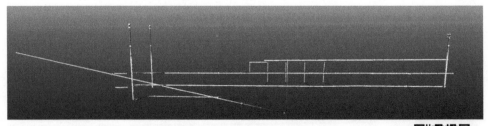

图 8-5　导入 Ventsim 后的通风模拟仿真模型

扫一扫查看彩图

　　通风参数是指矿井三维通风系统的要素，主要包括网络结构参数（井巷连接状况）、几何参数（巷道断面、长度、倾角、标高等）、通风参数（摩擦阻力系数、流向等）、动力设备与特征参数（风机曲线、工况点和通风设施等）。Ventsim 软件提供了详细的参数设置选项，可以事先对参数进行预设，如图 8-6 所示，也可以在建模完成后设置。模型主要井巷风路参数见表 8-2。

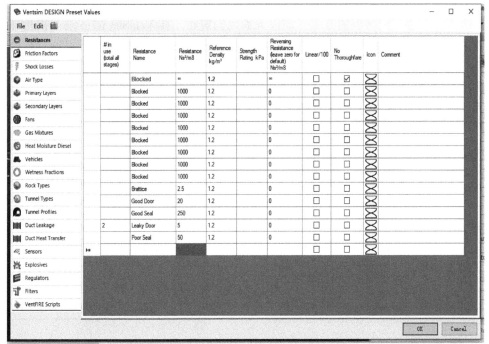

图 8-6　通风参数预设

表 8-2　模型主要井巷风路参数

扫一扫查看彩图

井巷名称	阻力系数 /Ns² · m⁻⁴	井巷规格		
		宽/m	高/m	直径/m
胶带斜井	0.012	4.5	3.8	
副井	0.035			5.5
进风井	0.025			3.8
回风井	0.03			5
沿脉巷	0.012	4.5	3.8	
穿脉巷	0.012	3.6	3.6	
破碎硐室回风天井	0.005			2

　　根据采掘设备、回采作业面、掘进工作面、硐室等的数量及各需风点耗风量来计算矿井总需风量为 235m³/s。

　　该系统采用抽出式通风，仅一条回风井，网络比较简单，通过固定回风井风量进行初始解算，即回风井回风量为 235m³/s，解算时在满足安全规程规定的风速的前提下，尽量扩大自然分风的范围，以降低通风能耗。需要对风流进行调节的地方，通常采用增阻的方式，即设置通风构筑物。在 VentSim 的三维可视化环境中，可以方便地在巷道中设置风门、风窗、隔墙等，风窗的面积可以通过软件自动由风阻换算而成。但应尽量少的设置通风设施，以简化通风系统，使之容易调控。通过不断对风路属性进行合理调整，最终使得各风路的风量分配满足设计和规范要求。经解算，主要风路的风量分配及压力损失情况见表 8-3。

表 8-3 主要风路的风量分配及压力损失

井巷名称	容易时期			困难时期			备注
	风量 /m³·s⁻¹	风速 /m·s⁻¹	压力损失 /Pa	风量 /m³·s⁻¹	风速 /m·s⁻¹	压力损失 /Pa	
北回风井	235	12	1559.5	235	12	2215.9	装机巷
副井	129.7	5.5	−71.3	123.1	5.2	−35.1	进风巷
进风井	104	9.2	−185.9	110.4	9.7	−209.4	进风巷
胶带斜井	1.3	0.2	−437.2	1.5	0.2	−596.9	进风巷

根据模拟结果，考虑到风机阻力损失 200Pa，设计在回风井井口安装 2 台 FKCDZ-12-No.32 型矿用节能对旋轴流风机并联运行，风机配有专用的扩散器和扩散塔，均含有消音装置。每台风机配用 YLV450-3-12 电动机（2×315kW），另备用 1 台同型号同规格电机。

B 多进风及回风井通风三维模型

新疆某铜矿矿体形态呈似层状，属于缓倾斜薄~极薄矿体，矿层倾角 20°~25°。矿体走向近东西，走向长度约 7km。矿山采用斜井开拓，沿矿体走向方向上共分布有 15 条斜井，并以勘探线为界划分了三个采掘区，各采掘区下辖数条斜井。

矿山三个采掘区虽有部分中段巷道连通，但设有隔墙，生产系统相互独立。采掘一区下辖 4 条斜井，采用中央对角双翼式通风系统，自然通风。采掘二区下辖 6 条斜井，采用中央对角双翼抽出式机械通风系统。采掘三区下辖三条斜井，另有两条斜井正在基建，采用对角双翼式自然通风系统。

矿山目前正在开采浅部资源，部分巷道已出现少风或无风的情况，随着开采深度的增加，采用自然通风时通风质量势必会越来越差。另外，由于各采掘区相互独立、采掘进度不同步，各区生产中段位于多个水平，对于各区来说，形成了多处长距离独头通风巷道，且采用房柱法开采形成的采空区多未封闭，造成了井下风流短路、污风循环、采空区漏风等问题。

矿山进行了改扩建设计，设计新施工一条主平硐，采用平硐和斜井联合开拓，主平硐与各斜井连接，作为矿石集中运输通道。采掘区也进行了连通，形成统一的采矿生产系统。

　　根据生产需要对部分斜井不再向下延伸。且由于矿体走向近 7km，如果采用集中通风，通风线路过长，因此设计采用分区不独立的机械抽出式通风方式，即在各采掘区布置回风井，但分区之间的风路相通，合并成一个完整的通风系统。

　　该通风系统涉及多条进风井及回风井，常规的图解法已无法完成风量分配及解算。根据矿山提供的实测巷道平面图，并结合新设计的工程，在 3Dmine 中分别完成了通风容易时期和通风困难时期井巷三维模型的构建，导入 Ventsim 软件后如图 8-7 和图 8-8 所示。

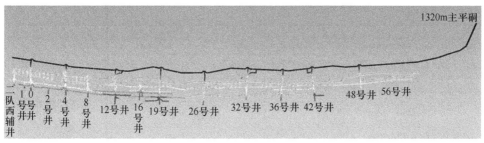

图 8-7　通风容易时期三维模型

扫一扫查看彩图

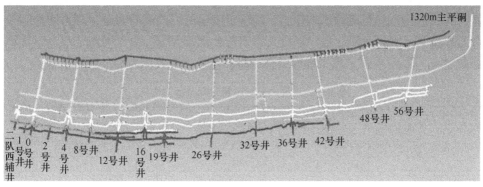

图 8-8　通风困难时期三维模型

扫一扫查看彩图

　　对各条风路属性进行编辑，给风流类型、断面形状及规格、风阻、摩擦阻力系数及局部阻力等参数赋值。不再延伸的井巷设置成封闭。

由于系统包含多条回风井，解算前无法得知每条回风井的回风量，通过分析，三个采掘区的采掘工作面数量大致相同，在风量分配上，三条回风井先按照相同的固定风量进行解算，即每条回风井先设置固定风量 63m³/s，如图 8-9 所示。

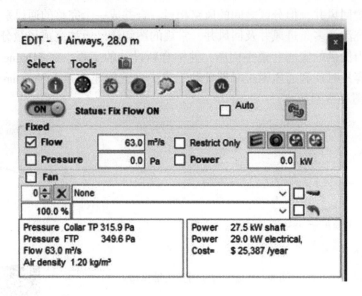

扫一扫查看彩图

图 8-9　设置固定风量

解算过程是反复调整的过程，需要不断地对回风井回风量进行调整，在局部地段设置风门和风窗等通风构筑物，即通过增阻的方式调节风量，调整的原则为尽量扩大自然分风范围，各角联分支风速符合规范要求。由于网络节点多，计算数据较多，表 8-4 仅列出了部分主要风路的风量分配及压力损失解算结果。

表 8-4　主要风路的风量分配及压力损失

井巷名称	摩擦风阻/Ns²·m⁻⁸	容易时期			困难时期			备注
		风量/m³·s⁻¹	风速/m·s⁻¹	压力损失/Pa	风量/m³·s⁻¹	风速/m·s⁻¹	压力损失/Pa	
0 号井	0.013	64.25	9.90	-432.34	56.76	9.13	-1903.80	装机巷
4 号井	0.019	28.13	4.50	15.41	36.77	5.88	30.80	进风巷
12 号井	0.021	20.28	3.26	8.71	34.13	5.49	29.19	进风巷
19 号井	0.054	23.99	4.86	31.05	22.96	4.65	46.34	进风巷
26 号井	0.058	23.84	4.79	32.83	24.42	4.91	43.44	进风巷

井巷名称	摩擦风阻/Ns²·m⁻⁸	容易时期			困难时期			备注
		风量/m³·s⁻¹	风速/m·s⁻¹	压力损失/Pa	风量/m³·s⁻¹	风速/m·s⁻¹	压力损失/Pa	
32 号井	0.057	58.91	13.43	-887.42	54.51	12.43	-2302.11	装机巷
36 号井	0.031	66.44	10.16	-309.50	64.09	9.80	-1609.21	装机巷
42 号井	0.024	22.82	3.47	12.55	28.66	4.36	22.66	进风巷
48 号井	0.016	16.50	2.54	4.24	28.09	4.33	13.37	进风巷
56 号井	0.008	11.8	1.74	1.16	16.24	2.40	-375.15	前期进风后期装机
1320m 主平硐	0.169	10.35	1.42	58.84	14.57	2	71.23	进风巷

根据模拟得出的各回风井风量和负压，确定在 0 号井井口安装 K40-4-No.13、55kW 风机 1 台；32 号井井口安装 DK40-6-No.16、2×55kW 风机 1 台；36 号井井口 K40-4-No.13、55kW 风机 1 台。根据改造后的矿山实际生产情况来看，井下风流顺畅，说明风机选型合理，模拟结果具有很好的可靠性。

8.2 深井开采降温技术及仿真模拟

伴随着矿业经济的发展，矿山开采深度不断加大，目前南非安格鲁·阿善堤黄金公司（AngloGold Ashanti）的 Mponeng 金矿为世界开采最深的矿山，已开采至 4000m 以上，南非个别金矿的规划开采深度已经达到 6000m。随着开采深度的加大，井下作业环境的通风降温是一个非常重要的工程技术难题，在我国，开采深部矿体在未来的矿业开发的过程中扮演者重要的作用。

8.2.1 国内井下应用现状

国内井下降温制冷系统已经于 20 世纪应用于煤矿地下开采，比如顾桥煤矿、朱集煤矿、刘庄煤矿、丁集煤矿、高家堡煤矿、孔庄煤矿、赵楼煤矿、北徐楼煤矿、郭屯煤矿、徐庄煤矿等。大多矿山主要引进国外技术。包括来自德国 WAT 热交换技术有限公司的井下集中制冷系统、德国西马格特宝有限公司的矿井制冷系统，波兰的 TS 井下制冷装置，南非 ABB 公司也专注于井下通风制冷设备及技术的咨询和研发工作，目前该公司已经与德国的西马格公司建立了战略合作关系。

国内研究井下制冷降温系统的单位也较多，比如武汉星田热环境控制技术有限公司，北京长顺安达测控技术有限公司、深圳速鼎冷冻设备有限公司、煤科集团沈阳研究院以及中国矿业大学何满朝及其团队的 HEMS 井下降温系统，在国内煤矿均有不少业绩。

目前应用的井下降温技术主要归纳为以下几种。

8.2.1.1　冰制冷技术

在地表建立制冰厂，然后输送至井下融冰池，融化的冷冻水通过冷冻水泵输送至工作面空冷器与热空气交换，或者直接喷洒工作面进行降温。国内少数矿井运用冰制冷降温技术，如山东新汶矿业集团孙村煤矿、河南平顶山煤业集团六矿。武汉星田技术公司采用真空制冰机（采用以色列进口设备）。

8.2.1.2　水制冷系统

地表集中制冷系统：冷冻水由地面制冷系统制备经由管道送至井下冷却器，冷却空气、水及热量，并除湿。西马格公司矿井制冷系统冷冻水通过其中央转换系统 P.E.S 进行压力转换，其他压力转换系统则采用高低压转换器。

井下集中制冷系统是指在井下建立集中制冷站，主要制冷设备都安装在井下硐室内，地表仅包括冷却水循环系统，负责冷却井下制冷装置冷凝器产生的热量。制备的冷冻水通过水泵和管路送至工作面的空冷器冷却入风温度，达到冷却风流的目的。目前北京长顺安达测控技术有限公司、德国的 WAT 热交换技术有限公司主要推出该类制冷降温系统。

HEMS 井下降温系统：以矿井涌水为冷源，将制冷系统建立在井下，通过制冷工作站（HEMS-Ⅰ）从中提取冷量，之后将冷量通过上循环系统和下循环系统输送至降温工作站（HEMS-Ⅱ），采取气液换热的方式，将冷风供给工作面，与工作面高温空气进行换热作用，降低工作面环境温度及湿度，并将换热后的矿井涌水排至地面。

国内也有以压缩机制备出低温的乙二醇溶液作为冷源用于井下降温。

8.2.1.3　压缩空气制冷系统

矿用空气制冷机是以压缩空气为动力来降低矿井环境温度的设备，对于制冷量比较小的矿山以及对矿山局部范围内降温比较使用。

目前国内制冷系统的核心设备还主要采用进口设备（包括压缩机和核心控制系统），未来一段时间内，如何解决国内制冷设备的核心部分国产化，将大大降低设备成本造价，对提高矿山开采的经济效益有一定的意义。

8.2.1.4　德国西马格特宝矿井制冷系统

德国西马格特宝公司一直致力于矿井制冷，其核心技术包括三联并行发电系统/吸收式制冷机（清洁发展机制）、"自然冷却"—无制冷机制造冷水、最新压缩技术节能制冷机。制冷原理：冷水由地面制冷系统经由管道送至冷却器，冷却空气、水及热量，并除湿。高效操作模式下，冷却器的进水温度尽可能降低，这一点可以通过西马格特宝的中央交换系统（P.E.S）完成。制冷系统图如图8-10所示。

冷却系统

路面冷却机

P.E.S
压力交换系统

扫一扫
查看彩图

图 8-10　德国西马格特宝矿井制冷系统图

8.2.1.5　瓦斯发电和余热利用系统

丁集煤矿地面瓦斯抽采泵站抽出的高、低浓度井下煤层瓦斯气,分别输送到热电冷联供项目的发电站。将 30% 以上浓度瓦斯气输送到 10000m³ 储气罐内,再由储气罐将定压的瓦斯气输送至其预处理系统,经过滤脱水增压后输送给高浓发电机组发电,然后以发电机组排出高温烟气作为热源,经配套的余热锅炉产生 0.6MPa 饱和蒸汽,夏季用于矿井集中降温的蒸汽式溴化锂制冷机组动力,冬季用于矿区地面采暖。将 30% 以下浓度低浓度瓦斯气经细水雾输送系统和气水二相流输送系统,通过过滤脱水装置后输送给低浓发电机组发电,发电后排出烟气经余热锅炉产生蒸汽,同样用于井下降温或矿区采暖。瓦斯发电站所发的电其中一部分用于集中降温所需的电力消耗,多余的部分直接输送到矿井 10kV 电网上,满足矿井部分电力需求。

8.2.1.6　矿井集中降温系统

丁集煤矿是淮南矿业(集团)公司热害最严重的矿井之一,根据地质勘探钻井测温结果表明,为二级热害区。该矿降温系统分为地面集中制冷系统、井下供冷系统以及输冷管路系统。

地面集中制冷系统。主要流程为:冷媒回水→蒸汽型溴化锂制冷机→离心式电制冷机→冷媒水循环泵→冷媒供水。地面设计系统供回水温度为 2.5℃/18℃,由蒸汽型双效溴化锂冷水机组加离心式冷水机组串联的两级制冷装置实现。第一级为蒸汽型双效溴化锂机组,将冷媒回水由 18℃ 降至 5~7℃;第二级为离心式冷水机组,将 5~7℃ 冷媒水降至 2.5℃。每台蒸汽型双效溴化锂机组与一台离心式冷水机组组成一个制冷单元,三个制冷单元互为备用。

井下供冷系统。主要流程为：地面冷媒水供水→三腔冷媒分配器→输冷供水管→东西部采区分配站→空冷器→输冷回水管→二次循环水泵→三腔冷媒分配器→地面冷媒水回水。

三腔冷媒分配器采用德国西马格特宝公司的专利产品，设计最大流量960m³/h，它是通过单向阀门组的开或关，将供冷系统冷媒高压供水转换为低压冷媒水，直接送入井下二次供冷系统中，又将井下二次供冷系统的低压冷媒热水升压，送回地面一次供冷系统。井下降温末端设备主要由局部扇风机、空冷器、过滤器、仪表阀门、配电及控制设备等组成。

输冷管路。井下输冷管路的主干管经主井井筒引入-826m水平换冷硐室，主干管直径DN400mm，支管经巷道到达各换冷地点，输冷管网初设总长度达40000m，管路采用塑套聚氨酯夹心钢预制保温管。

8.2.2 深井降温模拟

南非某铂金矿矿体埋藏深，随着的开采深度的下降及生产规模的提高，地热、空气压缩热和机械设备放热都将随之增加，井下生产将面临严重的热害问题，必须建立制冷系统降低工作面温度。

在深井降温中，因空调负荷大，通风及矿井排水排热有限，因此井下集中式降温方式难以采用；井上、下联合式空调系统相当于两级制冷机组串联，系统投资较高。

根据载冷剂的不同可分为风冷系统、水冷系统和冰冷系统，以风为载冷剂的空调系统输冷能力受风量和空气比热容的限制，对于深井降温来说，效果不佳。以冰为载冷剂的空调系统即利用冰的融化吸热，把水冷却至接近0℃，然后将经过冰冷却的水输送至各个工作面。系统输冷能力大，但系统复杂，投资较大，混合空气或喷雾冷却增加工作面的湿度，易导致管道堵塞。

经过系统比较、研究，井下制冷采用技术成熟、应用广泛的地面集中式水冷空调系统。根据采矿生产分期，共建立5个三维通风仿真模型以模拟矿山生产时的5个典型阶段，并进行风模拟及热模拟解算。热源主要考虑地热、空气压缩热及机械设备放热等主要热源。

8.2.2.1 阶段1风、热模拟

阶段1通风模型如图8-11所示。该阶段为Ⅰ-1期末期，为中央并列抽出式通风系统，专用进风井和主斜坡道进风，回风井回风。生产中段位于600mbc。此时混合井开拓至1250mbc，井筒内布置风筒和局扇用于掘进通风。

Ⅰ-1期总需风量为200m³/s，根据模拟结果，专用进风井进风量为99m³/s，入口风速3.5m/s；斜坡道进风量87m³/s，入口风速3.5m/s；混合井进风量14m³/s。回风井出口风速4m/s。系统风阻1066Pa。该阶段工作面湿球温度不超过29℃，井下不需要制冷。

设计在回风井井口安装风机。

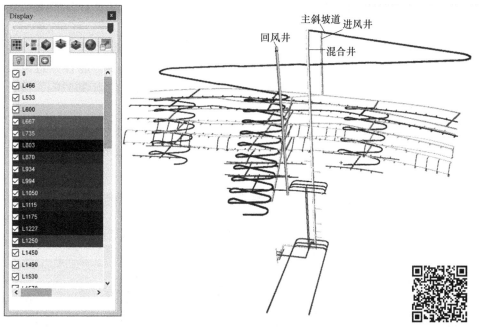

图 8-11 阶段 1 三维通风模型

扫一扫查看彩图

8.2.2.2 阶段 2 风、热模拟

通风三维模型如图 8-12 所示。

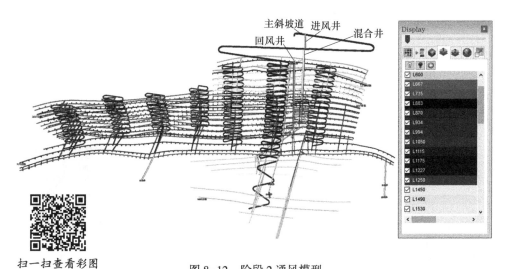

扫一扫查看彩图

图 8-12 阶段 2 通风模型

采矿生产处于 Ⅰ-2 期，采用中央并列抽出式通风系统，混合井、进风井和主斜坡道进风，回风井回风。生产中段位于 1250mbc，此时 Ⅱ 期系统开始逐步形成。

根据模拟结果，Ⅰ-2 期总需风量为 415m³/s。专用进风井进风量为 183m³/s、入口风速 6.5m/s；主斜坡道进风量 68m³/s，入口风速 2.7m/s；混合井进风量 142m³/s，入口风速 3.7m/s。回风井出口风速 8.2m/s。系统风阻 3967Pa。设计在回风井井口安装风机。

该阶段需要制冷，设计在 1050mbc（该中段为首个需要制冷的中段）布置热交换站，在地表布置集中制冷站，制冷功率 600kW。降温后的效果如图 8-13 所示。

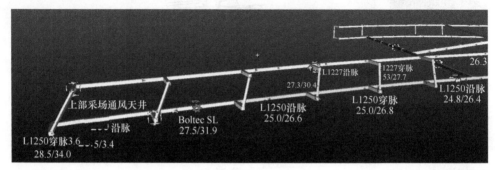

图 8-13　降温后的井下局部干湿球温度

8.2.2.3　阶段 3 风、热模拟

通风三维模型如图 8-14 所示。

扫一扫查看彩图

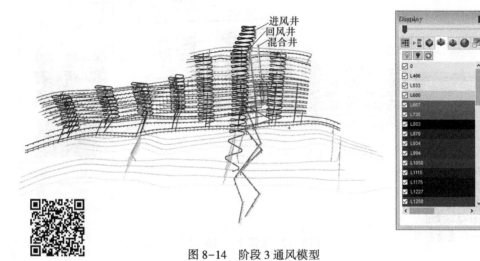

扫一扫查看彩图

图 8-14　阶段 3 通风模型

Ⅱ期计算总需风量为954m³/s。由于矿井通风量大，线路长，如果采用单级通风，系统总负压约为19600Pa，主扇功率高，风机工作效率通常较低，采用分级机站通风，一级机站布置位置如图8-15所示。

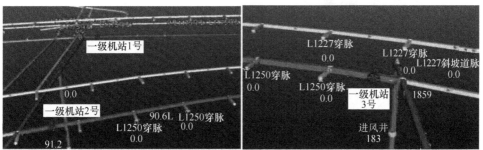

图8-15 一级机站布置位置

扫一扫查看彩图

解算结果表明，一级机站1号风量278m³/s，风压2970Pa；一级机站2号风量92m³/s，风压1739Pa；一级机站3号风量410m³/s，风压2772Pa。二级机站风量954m³/s，风压10093Pa。

专用进风井进风量为331m³/s、入口风速11.7m/s；主斜坡道进风量185m³/s，入口风速7.4m/s；混合井进风量333m³/s，入口风速8.6m/s。回风井出口风速18.6m/s。

利用地表的集中制冷站为阶段3井下提供冷源，制冷功率8000kW。在1250mbc井底车场附近设置热交换站。

8.2.2.4 阶段4风、热模拟

采矿生产处于Ⅱ期，最低生产中段位于1890mbc。此时Ⅱ期副井已投入使用，通风系统为中央并列抽出式通风系统，混合井、进风井、主斜坡道和Ⅱ期副井进风，回风井回风。通风三维模型如图8-16所示。

Ⅱ期总需风量为954m³/s，三级机站通风。为表述方便，三级机站中的第一级和第二级机站编号与阶段3保持一致。

一级机站1号风量205m³/s，风压1321Pa；一级机站2号风量171m³/s，风压1235Pa；一级机站3号风量400m³/s，风压1739Pa。二级机站即回风井口机站风量954m³/s，风压9291Pa。

第三级机站即Ⅱ期副井井底机站风量400m³/s，风压7560Pa。

专用进风井进风量为158m³/s、入口风速5.6m/s；主斜坡道进风量35m³/s，入口风速1.4m/s；混合井进风量200m³/s，入口风速5.2m/s；二期进风井进风量451m³/s，入口风速13.6m/s。回风井出口风速18.7m/s。

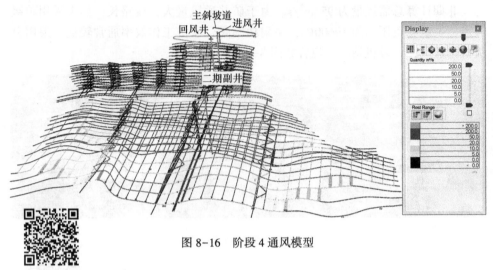

图 8-16　阶段 4 通风模型

　　阶段 4 通过增加地表制冷站冷水机组来满足井下降温需求，利用 1250mbc 井底车场的热交换站，地表制冷站制冷功率 10MW。同时在 Ⅱ 期副井井底附近 1890mbc 新增一座制冷站，装备水冷机组，制冷功率 8800kW。

8.2.2.5　阶段 5 风、热模拟

　　采矿生产处于 Ⅱ 期末，最低生产中段位于 UG2 矿体 2355mbc。通风、制冷系统布置与阶段 4 一致。通风三维模型如图 8-17 所示。

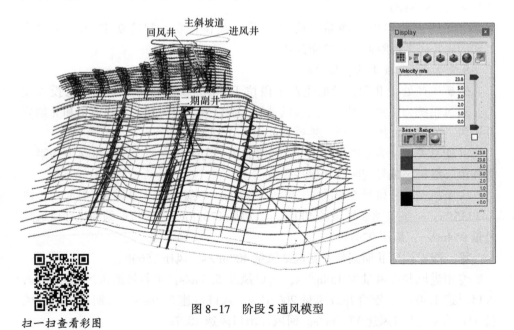

图 8-17　阶段 5 通风模型

该阶段一级机站 1 号风量 211m³/s，风压 763Pa；一级机站 2 号风量 186m³/s，风压 1002Pa；一级机站 3 号风量 429m³/s，风压 842Pa。二级机站风量 954m³/s，风压 13636Pa。三级机站风量 400m³/s，风压 4582Pa。

专用进风井进风量为 181m³/s、入口风速 6.4m/s；主斜坡道进风量141m³/s，入口风速 5.6m/s；混合井进风量 54m³/s，入口风速 1.4m/s；Ⅱ期副井进风量 452m³/s，入口风速 13.6m/s。回风井出口风速 19.3m/s。

阶段 5 地表集中制冷站制冷功率 5000kW；Ⅱ期副井井底附近制冷站制冷功率 20MW。

8.3 本章小结

（1）通风模拟不仅涉及空间科学、采矿技术和流体力学理论，更需要数学、自动化、计算机和信息科学的底层支持。本章基于三维仿真理论，以 Ventsim 三维通风软件为平台，建立矿井可视化通风系统，在通风系统状态估计、分风解算、优化调节等方面提供了精确数据。

（2）系统介绍了国内外深井降温技术研究和进展，以南非某铂金矿为例，分析选用地面集中式水冷空调系统，并建立 5 个三维通风仿真模型，分别模拟矿山生产时的 5 个典型阶段降温情况，优化矿井通风量、风速、风阻，提高了通风降温计算的正确性和科学性，为深井降温优化设计提供依据。

9 露天开采精细化设计技术

9.1 露天境界三维优化设计

当前，矿山数字化热潮方兴未艾，三维矿业软件是推进矿业企业数字化、信息化的关键技术之一。在矿山设计行业，可运用计算机技术进行矿体三维建模、资源储量计算、采矿图纸绘制、矿山生产管理等方面工作，将传统的矿山手工二维作图向三维矿山信息化转变，可以实现高效率、高精度、高仿真矿山设计效果，是矿山设计行业发展趋势。

矿山三维设计是在三维操作环境下实现地质储量计算、岩石力学研究和工艺优化设计等工作并将设计成果输出的一种设计方法。现阶段国内外应用较为普遍的三维软件有 3Dmine、Datamine、Surpac、Dimine、Minesight、Micromine、Vulcan 等。3Dmine 软件是基于地测采一体化的三维可视化技术，为矿山提供设计及管理一套国产化软件，其与 AutoCAD 兼容性较好，方便实现二维与三维转化与优化，实用性较强。

本章运用 3Dmine 软件建立了一体化三维可视模型，包括地表地形、矿体实体和块体模型。在此基础上进行露天开采境界优化、采掘进度计划编制以及排土场和公路等一体化设计，为矿山生产及管理人员提供了更为清晰、便捷的技术服务。

9.1.1 矿山情况简介

某矿区位于低中山区，地形陡峻，沟谷纵横，海拔标高一般在 825 ~ 1230m 之间，矿区相对最大高差 400 余米。

区内已发现并做了工程控制的大小金矿体共 40 余个，间距由几米到四十余米，各金矿体均出露地表，且大部分具有近地表品位高、厚度大，深部品位低、厚度小的特点，赋存于地层内的黏土岩、砂岩内。金矿体主要受近东西向走向断层控制，在断层破碎带内及近侧形成大小不等的透镜状、不规则脉状、似板状等形状。矿体走向近东西，倾向北或南，倾角 60° ~ 85°。各矿体走向长度一般 50 ~ 690m，垂深 20 ~ 230m，水平厚度 0.80 ~ 6.25m，平均品位 Au3.12 ~ 13.30g/t。根据矿体赋存特点、地形条件和开采技术条件，选择采用露天开采。

9.1.2 基础资料建模

9.1.2.1 地表地形模型

三维地表模型呈现了矿区整个地形布局情况，通过对颜色带区分高程，可以对矿区地势有比较全面的把握。在本模型建立的过程中，将原矿山使用 AutoCAD 绘制的地表地形图导入 3Dmine，通过对部分出现偏差的高程线修改，形成了较准确的三维地表模型，如图 9-1 所示。

单位：m

1341.00~1400.00
1223.00~1341.00
1105.00~1223.00
987.00~1105.00
869.00~987.00
810.00~869.00

图 9-1 矿区三维地表模型

扫一扫查看彩图

9.1.2.2 矿体实体模型

掌握矿体的分布形态是矿山工作者的核心任务之一，矿体三维实体模型是由一系列三角网构成的，这些三角网来自线上的点。利用矿区矿体剖面图，借助 3Dmine 矿业软件，对照地质报告，建立矿体实体模型，该矿矿体实体模型如图 9-2 所示。

图 9-2 矿体三维模型图

扫一扫查看彩图

9.1.2.3 矿体块体模型

3Dmine 矿业工程软件提供了对矿床实体模型块体化的方法，并在变块技术的基础上对单元块边界进行合理细分，达到真实反映矿体块体模型的形态。运用距离幂次反比法对样品估值，通过对实体模型分别赋予矿石品位、容重、储量级别等信息，构成块体模型。在此基础上，可进行地质储量计算、品位统计等，块体三维模型如图 9-3 所示。

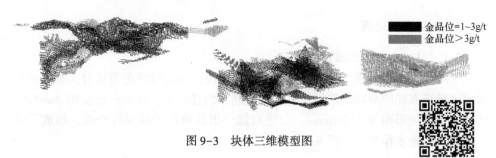

金品位=1~3g/t
金品位>3g/t

图9-3 块体三维模型图

扫一扫看彩图

9.1.3 露天开采境界优化设计

利用 3Dmine 三维矿业软件进行露天开采一次境界的优化圈定。采用 Lerchs-Grossmann 法进行优化，简称 LG 图论法，它是具有严格数学逻辑的最终境界优化方法，在给定价值模型下，可求出总价值最大的最终开采境界，其目标是使净现值（NPV）最大。

9.1.3.1 建立矿床矿化模型

主要根据地质勘探数据资料，利用 3Dmine 软件建立三维矿化模型。依据矿山的生产规模、采装设备的作业技术规格，确定台阶高度为 10m，故境界优化确定的块尺寸为 10m×10m×10m（x、y、z 方向）。

9.1.3.2 建立矿床经济模型

根据当地露天矿开采生产的实际情况，参考国内外露天矿的实际生产指标，并考虑该矿区岩体结构特点，确定经济模型参数见表9-1。

表9-1 经济模型参数表

项 目	单 位	数 量	备 注
金矿石售价	元/g	90	品位 1~3g/t
	元/g	110	品位>3g/t
矿石开采成本	元/t	20	
岩石开采成本	元/m³	12	
采矿损失率	%	5	
采矿贫化率	%	5	
边界品位	g/t	1	
矿石采深每增加10m增加成本	元/t	0.03	
经济合理剥采比	t/t	12.33	
矿石比重	t/m³	2.69	
岩石比重	t/m³	2.69	

9.1.3.3 确定露天境界参数

参照类似露天矿山边坡经验，采用类比法，确定露天境界参数见表9-2。

表9-2 露天境界参数

项　目	单位	数量	备注
露天境界最终边坡角	°	42~46	最大
台阶高度	m	10	
台阶坡面角	°	60	
安全平台宽度	m	4	
清扫平台宽度	m	6	
运输平台宽度	m	10	
最小转弯半径	m	10	
最小底宽	m	25	
场内运输道路宽度	m	8	

9.1.3.4 确定经济合理剥采比

经济剥采比确定得是否合理直接关系到矿山资源开发利用和投资效益。一般情况下，应根据实际矿山的具体情况经计算确定。该矿露天经济合理剥采比采用原矿成本比较法（以露天开采和地下开采原矿单位成本相等为计算基础）计算经济合理剥采比。即

$$N_J = \gamma(c - a)/b$$

式中　N_J——经济合理剥采比，t/t；

$\quad$ c——地下开采每吨矿石成本，在本矿条件下，c=75元；

$\quad$ a——露天开采每吨采矿费用（不包括剥离费），在本矿条件下，a=20元；

$\quad$ b——露天开采剥离费用，在本矿条件下，b=12元/m³；

$\quad$ γ——矿石平均体重，本矿 γ=2.69t/m³。

9.1.3.5 一次境界圈定

经计算，矿体露天经济合理剥采比为12.33t/t。以建立的矿化模型和经济模型为基础，并以境界参数为边界形态约束条件，在3Dmine软件中用Lerchs-Grossman法圈定不同底标高的露天嵌套坑，在0~104勘探线间圈定了2个露天开采境界方案。分别为Ⅰ号露天采场和Ⅱ号露天采场，不同底标高的嵌套坑矿岩量及剥采比见表9-3和表9-4。

表 9-3 Ⅰ号露天开采境界嵌套坑圈定结果

底部台阶/m	矿石量/万吨	岩石量/万吨	矿岩总量/万吨	剥采比/t·t⁻¹
1000	16.6	125.5	142.1	7.57
990	27.2	222.4	249.6	8.18
980	39.4	369.6	409.0	9.39
970	53.0	570.7	623.7	10.76
960	67.5	765.3	832.8	11.34
950	81.4	1013.9	1095.3	12.46
940	89.6	1153.5	1243.1	12.88
930	97.2	1272.9	1370.1	13.09

表 9-4 Ⅱ号露天开采境界嵌套坑圈定结果

底部台阶/m	矿石量/万吨	岩石量/万吨	矿岩总量/万吨	剥采比/t·t⁻¹
1000	145.4	1353.2	1498.5	9.31
990	156.0	1492.9	1648.9	9.57
980	168.4	1719.7	1888.1	10.21
970	179.0	1928.5	2107.5	10.77
960	188.2	2106.3	2294.5	11.19
950	191.7	2301.2	2492.9	12.01
940	194.6	2397.2	2591.8	12.32
930	197.6	2499.1	2696.7	12.65

根据露天嵌套坑优化圈定结果可以看出，Ⅰ号露天采场在标高960m以下范围境界优化后的剥采比骤然变大，且已接近经济合理剥采比，虽然Ⅱ号露天采场在标高960m以下范围境界优化后的剥采比变化不很明显，但考虑在露天开采中最小工作平台宽度的限制，并考虑矿区后期采用地下开采方式，选择露天采场最低标高为960m较为合理，综合以上各因素，设计确定Ⅰ号、Ⅱ号露天底最终标高均为960m。

9.1.3.6 采用人机对话方式二次圈定最终境界

采用3Dmine矿业软件一次境界圈定露天境界是一种近乎理想状态下的结果，可以为二次圈定最终境界提供指导，但不能作为露天开采的最终境界。由于实际生产中需要考虑采剥设备的可操作范围、运输道路宽度、安全和清扫平台宽度等因素的限制，需要进行二次圈定，因此，在一次境界基础上，按照最小底宽不小于25m的原则，考虑上述确定的露天开采境界参数以及开拓系统要求，采用人机对话方式二次圈定Ⅰ、Ⅱ号最终露天境界，采用人机对话方式二次圈定结果较一次圈定矿量有所减少，剥采比有所增大。二次圈定综合考虑了露天生产的可行性，圈定结果更加合理，最终形成的露天三维模型如图9-4所示，露天开采境界内矿岩量汇总表见表9-5。

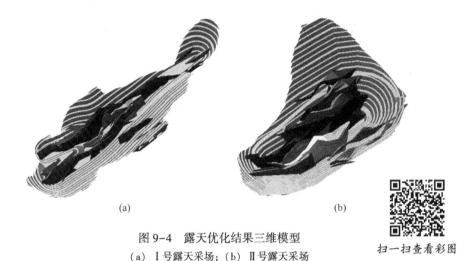

(a)   (b)

图9-4 露天优化结果三维模型

(a) Ⅰ号露天采场；(b) Ⅱ号露天采场

扫一扫查看彩图

表9-5 露天开采境界内矿岩量汇总表

露天采场	坑底标高/m	矿石/万吨	岩石/万吨	矿岩总量/万吨	剥采比/t·t⁻¹	品位/g·t⁻¹	金属量/kg
Ⅰ号	960	64.3	768.5	832.8	11.95	4.30	2764.9
Ⅱ号	960	184.5	2110.0	2294.5	11.44	3.60	6642.0

9.1.4 露天开采进度计划

采掘进度计划编制是露天矿设计中一项十分重要的工作，是具体组织生产、管理生产的重要依据。编制开采进度计划时，要尽量缩短达产时间，均衡剥采比，保持矿岩总量均衡，特别是降低前中期的生产剥采比，选择已探明储量块段且矿山前期品位较高的块段。另外，要合理配备设备，完成设计能力，按采矿方法处理好时空关系，保证原矿质量符合产品质量要求。

3Dmine软件提供了露天开采进度计划排产模型，直观地反映了开采的时空关系，模型中包含了矿石品位、矿石重量、备采矿量等信息，方便实现进度计划要求，所作排产计划较传统方法可操作性强、准确率高。本矿运用3Dmine软件所作排产模型如图9-5所示。

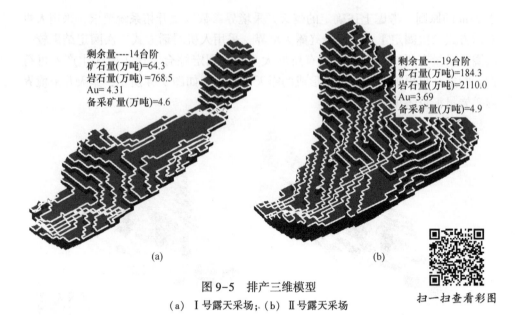

剩余量----14台阶
矿石量(万吨)=64.3
岩石量(万吨)=768.5
Au= 4.31
备采矿量(万吨)=4.6

剩余量----19台阶
矿石量(万吨)=184.3
岩石量(万吨)=2110.0
Au=3.69
备采矿量(万吨)=4.9

(a)　　　　　　　　　　　　　　(b)

扫一扫查看彩图

图 9-5　排产三维模型

(a) I 号露天采场;；(b) II 号露天采场

9.1.5　排土场和道路设计

　　科学合理的排土场地选择必须综合考虑排土场的地形、环境、排土场容量、矿床的远景分布、废石排弃距离、排土场对环境的污染、日后的废石回收利用及排土场复垦等因素。3Dmine 软件提供了排土场容量和填挖方计算、废石排弃道路设计与选择、工业场地整体布置等方面功能，方便优化排土工艺，从优选择排土场。本矿采矿场整体三维图如图 9-6 所示。

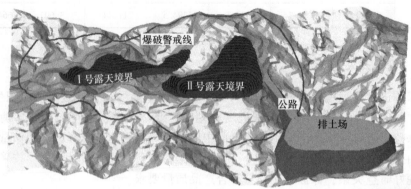

爆破警戒线

I 号露天境界

II 号露天境界

公路

排土场

图 9-6　采矿场整体三维图

扫一扫查看彩图

9.2 深凹露天矿短分期开采工艺优化

分期开采是金属矿山露天开采中的一种机动灵活的开采方式，可以将开采条件好（矿石多、岩石少）区域选作为首期开采，把大量岩石推迟到以后剥离，一方面可以减少基建投资，降低生产成本，另一方面可以实现早投产、早达产，经济效益明显。对于勘探程度低、矿石价值变化大的矿床，分期开采可以有效地降低风险投资。但是，分期开采对生产技术手段和管理水平要求高，如何选择合理的过渡时机，确定扩帮起始水平标高，是分期开采矿山实现稳产或不停产过渡、均衡过渡期间剥岩量的关键。

分期开采在国内外得到广泛应用，如智利 Zaldivar 铜矿，蒙古 Oyu Tolgoi 铜金矿，我国的南芬铁矿、德兴铜矿。这些矿山服务年限长，分期时间一般也较长，随着矿山装备、技术快速发展，高产量、低服务年限的矿山逐渐兴起，适应矿山生产的短分期开采应运而生。短分期是相对一般分期开采提出的，除具有一般分期开采的优点外，具有分期开采时间段、临时边帮移动速度快、灵活性强等特点。短分期开采将组合阶段陡帮剥离和倾斜条带式开采工艺作为实施手段。

9.2.1 矿床开采特征及开采方式

某铜镍矿是东昆仑成矿带的世界级大型铜镍矿床，被誉为"世界级、革命性的找矿突破"，资源储量达 1.5 亿吨，达到超大型规模。矿区位于青海省西部东昆仑山脉西段，柴达木盆地南缘。矿区沟谷深切，山势陡峻，植被稀疏，呈典型高原荒漠景观，地形总体地势西、南高，东北低，海拔高度 3200~3600m，最大比高为 400m。

矿体产于基性杂岩体中，铜镍矿已编号矿体 36 个，除 M1 矿体外其余 35 条均为盲矿体，含矿岩性主要为橄榄岩和辉石岩，其次为辉长岩。M1 矿体占整个矿床储量的 93% 以上，矿体长 1160m，呈似层状，平均厚度 73.19m，赋存标高 2920~3400m。东部南倾、西部北倾，倾角 0°~35°，侧伏角 20° 左右。矿体形态单一，在倾向上连续性较好。矿体北东端出露地表，向西逐渐向深部斜入，大部分矿体浅埋地下，如图 9-7 所示。

鉴于矿床赋存位置较浅，矿体赋存条件简单，矿体厚大，主矿体产状较缓，矿体连续性较好，部分矿体出露地面，设计采用露天开采方式，先期为山坡露天，后转入凹陷露天，如图 9-8 所示。

矿山生产规模为 675 万吨/年（2.25 万吨/天），服务年限为 16 年，露天境界内矿石量为 9696.7 万吨，采出 Ni 品位为 0.758%，Cu 品位为 0.163%，Co 品位为 0.024%，剥离岩石量 64423 万吨，平均剥采比为 6.64t/t。露天终了境界形成以后，最大边坡高度达 645m，露天最终境界参数详见表 9-6。

扫一扫
查看彩图

图 9-7　矿床赋存特征三维模型

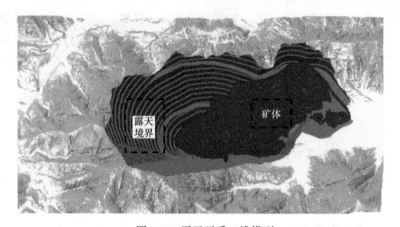

扫一扫
查看彩图

图 9-8　露天开采三维模型

表 9-6　露天最终境界参数

项　目	单位	参　数
露天境界上口尺寸	m	1635×1050
境界内矿石量	万吨	9696.7
境界内废石量	万吨	64422.72
平均剥采比	t/t	6.64
采场最高标高	m	3660
露天底标高	m	3015
台阶高度	m	15
并段高度	m	30
清扫平台宽	m	10~20m
边坡角	°	32~51
终了台阶坡面角	°	3165m 以下 60°，3165m 以上 65°
封闭圈标高	m	3315
运输道路宽度	m	30

由于矿体为厚大层状产出，为了充分利用矿体赋存条件优势，提高生产作业效率，降低生产成本，根据采矿生产规模和选用的开采设备，设计台阶高度为15m，最小工作平台宽度40m，非工作最小平台宽度15m，工作台阶坡面角60°~65°。开采到终了境界后进行靠帮并段，最终台阶高度为30m。

9.2.2 短分期开采

该铜镍矿地形陡峻，地表起伏较大，露天境界内岩石量主要集中在露天采场西南帮上部，封闭圈以上废石量约占废石总量的60%。这种分布需要采剥方法能够较大限度推迟剥离量，以求有效均衡生产剥采比。无论采用全境界缓帮，还是采用全境界陡帮开采，开采初期都要剥离大量的岩石，并在短期内即面临剥离高峰，使得前期生产剥采比大，作业成本高，从而影响整体开采效果。

为了有效推迟剥离高峰，减少基建剥离量和初期生产剥采比，降低投资及初期开采成本，设计采用短分期开采，组合台阶和倾斜条带式陡帮作业。在整个开采境界内，划分出两个临时开采边界，由小的临时边界逐渐开采至最终境界，共分三期开采，露天境界东侧为最终边帮，西侧为临时边帮。分期开采境界示意图如图9-9所示，露天分期开采境界矿岩量见表9-7。

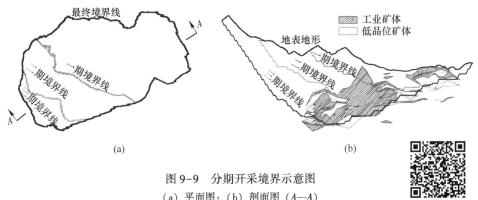

(a)　　　　　　　　　　　　　(b)

图9-9　分期开采境界示意图
(a) 平面图；(b) 剖面图 (A—A)

扫一扫查看彩图

表9-7　露天分期开采矿岩量

分期	底标高/m	矿石量/万吨	岩石量/万吨	剥采比/t·t⁻¹	服务年限/a
一期	3225	2845	22378	7.87	5
二期	3150	3375	22275	6.60	5
三期	3015	3476.7	19770	5.69	6
合计	—	9696.7	64423	6.64	16

通过短分期开采，使上部岩石量得到有效推迟，减少基建工程量，早日投达

产，获取较好的前期效益及资金的时间价值。生产剥采比得到有效均衡，还可以降低投资风险。

为充分利用工作线长度，采掘带沿山坡方向、斜交矿体走向布置。采用沿采场东北帮端部降深方式，依次向深部、向西南推进，直至最终境界。前一期开采一段时间后，后一期在上部扩帮开采。在分期境界内采用陡帮剥离岩石、缓帮采矿工艺，分期开采顺序如图 9-10 所示。

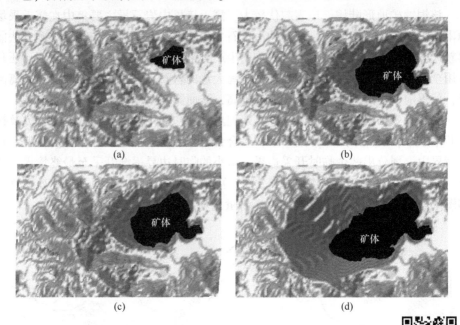

(a)　　　　　　　　　　(b)

(c)　　　　　　　　　　(d)

图 9-10　利用 NPV 软件绘制分期开采顺序示意图

扫一扫查看彩图

9.2.3　倾斜条带式开采工艺

所谓倾斜条带式开采工艺，即变原自上而下的单水平逐台阶下降的扩帮方式为由内向外的倾斜分条扩帮方式，将下盘分成若干个倾斜条带，逐条进行采掘，如图 9-11 所示。扩帮方式有缓帮扩帮和陡帮扩帮两种方式，国内外分期开采的矿山常用陡帮扩帮方式。

沿采场空间把剥岩帮划分为若干倾斜条带，由里向外扩帮，各阶段从上到下尾随式开采。尾随的工作平台长度，根据运输方式和工作面运输线路布置确定。将每三个剥岩帮阶段划分为一组，每组由一个工作阶段和两个临时非工作阶段组成。每组阶段内自上而下逐个阶段轮流开采，上一阶段推进到预定宽度后，设备转移到下一阶段开采，当三个阶段均推进到预定宽度后，即完成一个剥离周期。剥离岩石形成足够的开采空间，开采矿石采用缓帮采矿方法，如图 9-12 所示。

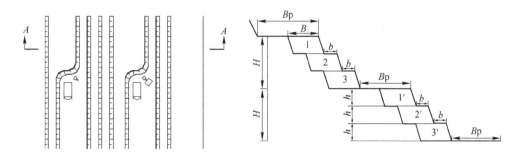

图 9-11　陡帮剥离作业示意图

B—组合阶段一次推进宽度；b—安全平台宽度，10~20m；H—每组阶段高度；h—阶段高度，15m；
Bp—工作平台宽度；1、2、3，1′、2′、3′—分别为上、下组阶段开采顺序

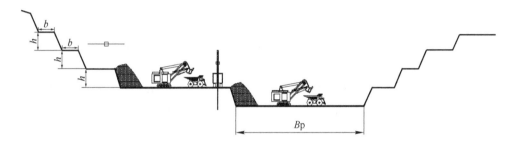

图 9-12　缓帮采矿作业示意图

按照短分期开采规划，投产第一年形成 260 万吨/a 的生产能力，投产第二年达到 500 万吨/a 的生产能力，第三年达产，即达到设计生产能力。稳产期 13 年，减产期 1 年。一期露天境界服务年限为生产第 1~5 年，二期露天境界服务年限为生产第 6~10 年，三期露天境界服务年限为生产第 11~16 年，采剥生产进度计划曲线如图 9-13 所示。

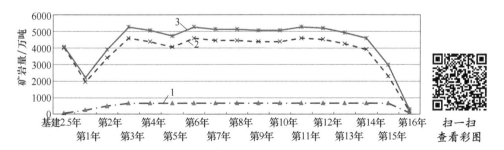

扫一扫
查看彩图

图 9-13　采剥生产进度计划曲线

1—矿石量；2—岩石量；3—矿岩总量

采用短分期开采，组合台阶开采和倾斜条带式陡帮开采。在整个开采境界内，划分出两个临时开采边界，由小的临时边界逐渐开采至最终境界，共分三期开采，有效推迟剥离高峰，减少基建剥离量和初期生产剥采比，降低投资及初期开采成本。分期开采对生产技术与管理水平要求极高，如何选择分期数、分期境界、分期开采顺序是一个至关重要的露天开采系统优化技术课题，在生产中，扩帮过渡管理复杂、安全风险增大等因素是影响分期开采的主要因素，要求管理必须做到适时到位。

9.3　露天矿组合生产规模分析

矿山生产规模制定是矿山设计中的核心环节，其直接影响矿山的经济效益及矿区可持续发展。矿山规模的合理确定与矿区地质资源、开采技术特点、经济收益、安全、环境、社会等多种因素密切相关，是一项复杂的系统工程。以往在确定矿山生产规模过程中，人为因素往往占据主要地位，国内矿山生产规模常常在设计任务书中直接下达，这会导致生产规模不符合实际情况、优势资源不能有效开发利用、矿山经济效益未达到最大化等问题。

为了最大限度地有效利用资源，使矿山企业经济效益最大化，不少矿业领域科研院所进行了矿山生产规模优化，在露天矿生产规模优化方法中，常用的有经验公式法、经济分析法、综合分析法等，经验公式法以泰勒公式为主，其主要依据国外矿山生产经验数据推导而来，由于国内在矿山装备水平与国外存在一定差距，泰勒公式在国矿山的适用性有一定局限。经济分析法是通过优化经济指标（如净现值、内部收益率、投资利润率等）进行多方案比选，选择经济指标较优的方案。综合分析法是基于模糊数学、灰色理论等，将定性与定量因素相结合应用在生产规模综合评价中。

本节基于经济比较法建立了露天矿生产规模论证模型，确定以净现值（NPV）和内部收益率（IRR）为评价指标，采用多项式回归分析法预测基建投资及生产成本。通过对静态、动态经济比较分析经济效果，同时考虑矿山实际生产状况，选择较优的生产规模方案，为矿山生产决策提供理论指导和依据。

9.3.1　生产规模论证模型

9.3.1.1　经济指标分析

确定露天矿生产规模，首先要技术上可行，在此基础上寻求经济效益最优，从而确定合理生产规模和最优服务年限。对于在市场竞争中的矿山企业，其生产经营的主要目标是获得最大经济效益，从动态、经济角度评价矿山企业净现值NPV和内部收益率IRR达到最大来衡量，其计算公式如下：

$$NPV = \sum (CI - CO)_t/(1 - i_c)^t \qquad (9-1)$$

$$NPV(IRR) = \sum (CI - CO)_t/(1 + IRR) \qquad (9-2)$$

式中，$(CI-CO)_t$ 为技术方案第 t 年的净现金流量；i_c 为基准收益率；n 为技术方案计算期。

9.3.1.2 成本预测回归分析

回归分析是利用样本数据，建立因变量与自变量的估计方程，并对模型进行显著性检验，进而通过对特定的自变量取值来预测估计所对应的因变量取值。回归分析的模型按是否线性可分为线性回归和非线性回归模型；按自变量个数可分为一元回归和多元回归；按方程表达式不同可分为指数、线性、对数、多项式、幂、移动平均等回归方程类型。

本书以多项式回归分析法进行成本预测，对观测数据 $(x_t, y_t)(t = 1, \cdots, n)$，多项式回归方程如下

$$\hat{y}_t = b_0 + b_1 x_t + b_2 x_t^2 + \cdots + b_m x_t^m + \varepsilon_t \quad (t = 1, \cdots, n) \qquad (9-3)$$

式中 x 为自变量，$\hat{y}$ 为因变量。多项式回归的最大优点就是可以通过增加自变量的高次项进行逼近，直至满意为止。

若令 $Y = \begin{pmatrix} y_1 \\ y_2 \\ \vdots \\ y_n \end{pmatrix}$，$X = \begin{pmatrix} 1 & x_1 & x_1^2 & \cdots & x_1^m \\ 1 & x_2 & x_2^2 & \cdots & x_2^m \\ \vdots & \vdots & \vdots & \vdots & \vdots \\ 1 & x_n & x_n^2 & \cdots & x_n^m \end{pmatrix}$，$B = \begin{pmatrix} b_0 \\ b_1 \\ \vdots \\ b_m \end{pmatrix}$，$\varepsilon = \begin{pmatrix} \varepsilon_1 \\ \varepsilon_2 \\ \vdots \\ \varepsilon_n \end{pmatrix}$

则模型为 $Y = XB + \varepsilon$，当 X 列满秩时，B 的最小二乘估计为 $B = (X^T X)^{-1} X^T Y$。

为了检验回归方程的拟合度，计算相关指数如下：

$$R^2 = 1 - \frac{\sum_{t=1}^{n} (y_t - \hat{y}_t)^2}{\sum_{t=1}^{n} (y_t - \bar{y}_t)^2} \qquad (9-4)$$

式中，$\bar{y}$ 为样本取值的平均数，R^2 取值越大说明回归方程的拟合度、可靠度越高。

9.3.1.3 生产规模确定流程

在充分分析技术、经济、安全、环保等因素后，确定生产规模的上下限，并在此区间范围内提出可能达到的不同生产规模，分别对各不同规模从投资、生产成本等方面进行预测比较，最后通过经济指标比较确定最优生产规模，生产规模确定流程如图 9-14 所示。

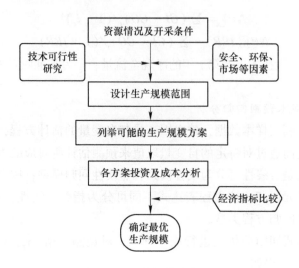

图 9-14 生产规模确定流程

9.3.2 开采境界内资源/储量分析

本书以某金矿为例进行规模论证分析，该矿为大型露天矿，设计露天采场内资源/储量统计见表 9-8。设计对 (333) 级资源量取利用系数为 0.8，采矿贫化、损失为 5%。采用 Datamine 软件包中的 NPV Scheduler 程序进行露天境界优化，在此基础上利用 3Dmine 软件进行圈定最终露天境界，露天采场特征参数如图 9-15 所示，在 3Dmine 软件里将不同品位矿体着色，区分显示出高、低品位矿体 (如图 9-16 所示)。

表 9-8 露天采场内资源/储量

序号	类 别	重量/万吨	品位/g·t^{-1}	金属/t
1	总资源量 (Au>0.3g/t)	7185	0.932	66976
2	露天境界内资源 (Au>0.3g/t)	6383	0.963	61498.4
3	露天境界内工业矿 (Au>0.5g/t)	5537	1.043	57729
4	最终境界内采出矿 (Au>0.5g/t)	5255.1	0.991	52060.6

露天采场内赋存着高、低品位矿体，以及原生矿、氧化矿类型，不同品位、类型矿体选冶指标存在差异，直接影响矿山的经济效益，为了保证矿山经济效益发挥到最大，按照矿体品位高低、矿体类型分别统计分析，详见表 9-9 和图 9-17、表 9-10 和图 9-18，从图表中可以看出随着分界品位的提高，高品位矿石量逐渐降低，而低品位矿石量逐渐增加。

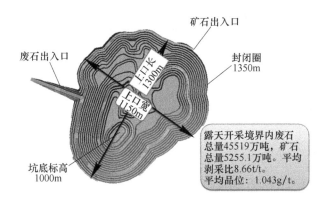

扫一扫查看彩图

图 9-15　露天采场特征参数

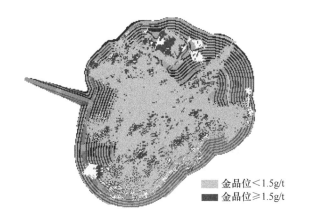

金品位<1.5g/t
金品位≥1.5g/t

扫一扫查看彩图

图 9-16　高、低品位矿体分布示意图

表 9-9　露天采场内高品位矿石类型

矿石类型		品 位 区 间							
		≥1.3g/t	≥1.4g/t	≥1.5g/t	≥1.6g/t	≥1.7g/t	≥1.8g/t	≥1.9g/t	≥2.0g/t
原生矿	矿量/万吨	1149	986	846	735	632	546	469	412
	品位/g·t^{-1}	1.963	2.064	2.167	2.260	2.359	2.456	2.554	2.639
氧化矿	矿量/万吨	68	57	49	41	35	29	24	20
	品位/g·t^{-1}	1.833	1.928	2.001	2.094	2.173	2.263	2.349	2.426
合计	矿量/万吨	1217.1	1043.3	895.1	775.7	666.9	574.8	493.0	431.6
	品位/g·t^{-1}	1.956	2.057	2.158	2.252	2.350	2.446	2.545	2.629

表 9-10　露天采场内低品位矿石类型

矿石类型		品 位 区 间							
		<1.3g/t	<1.4g/t	<1.5g/t	<1.6g/t	<1.7g/t	<1.8g/t	<1.9g/t	<2.0g/t
原生矿	矿量/万吨	4408	4570	4711	4822	4924	5010	5087	5145
	品位/g·t⁻¹	0.717	0.739	0.761	0.779	0.797	0.813	0.829	0.841
氧化矿	矿量/万吨	431	442	450	458	464	470	475	479
	品位/g·t⁻¹	0.686	0.703	0.716	0.731	0.743	0.756	0.768	0.777
合计	矿量/万吨	4838	5012	5160	5280	5389	5481	5562	5624
	品位/g·t⁻¹	0.714	0.736	0.757	0.775	0.792	0.808	0.824	0.836

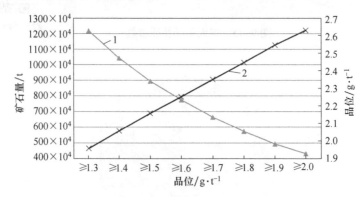

图 9-17　露天采场内高品位矿石量
1—矿量；2—品位

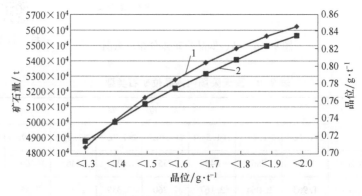

图 9-18　露天采场内低品位矿石量
1—矿量；2—品位

　　图 9-19、图 9-20 分别显示的是高、低品位矿石氧化矿、原生矿随分界品位的变化曲线，高品位矿石中氧化矿含量占比较小，而低品位矿石中氧化矿含量相对较高，氧化矿与原生矿在选矿回收率存在差异，这就要求在选矿工艺中要区别对待。

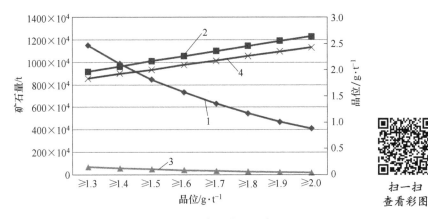

图 9-19 露天采场内高品位矿石类型
1—原生矿矿量；2—原生矿品位；3—氧化矿矿量；4—氧化矿品位

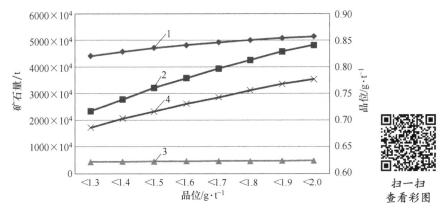

图 9-20 露天采场内低品位矿石类型
1—原生矿矿量；2—原生矿品位；3—氧化矿矿量；4—氧化矿品位

根据矿山前期生产指标、实验报告数据及选矿工艺专业设计指标对较高品位矿体选用全泥氰化工艺方案，较低品位矿体选用堆浸工艺方案，能发挥较好的经济效益，但是两种工艺方案的矿石品位分界点及其规模确定需要进一步分析与论证。

9.3.3 基建投资及生产成本确定

选取近年来类似矿山的基建吨矿投资成本样本数据，根据多项式回归分析方法，拟合成全泥氰化基建投资拟合曲线（如图 9-21 所示），得出吨矿投资成本方程如下：

$$y = 2 \times 10^{-7} x^2 - 0.0024x + 10.785 \tag{9-5}$$

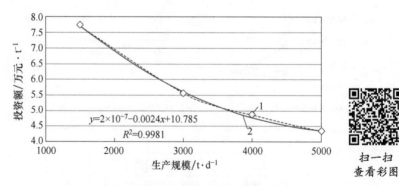

图 9-21 全泥氰化基建投资拟合曲线
1—吨矿投资（统计值）；2—吨矿投资（拟合值）

通过多项式回归分析，得相关指数 $R^2 = 0.9981 \approx 1$，说明回归方程拟合度、可靠度较高。

由于堆浸的吨矿投资与生产规模的关联性不大，本书将堆浸的生产规模按一恒定值考虑。根据类似矿山生产成本数据及矿山所在地条件，生产运营期成本指标见表 9-11。

表 9-11 生产成本指标

类 型	全泥氰化	氧化矿堆浸	原生矿堆浸
采剥成本/元·t^{-1}	7.0	7.0	7.0
选矿回收率/%	89.0%	65.0%	60.0%
冶炼回收率/%	99.9%	99.9%	99.9%
冶炼产品价格/元·g^{-1}	240	240	240
冶炼加工费/元·g^{-1}	8	8	8
选矿成本/元·t^{-1}	70	10	20
其他成本/元·t^{-1}	40	10	19

9.3.4 组合生产规模论证

9.3.4.1 矿山生产总规模确定

根据该矿的地质储量、矿体赋存情况，矿区东部目前尚有未勘探有客观前景的资源量，将来统筹考虑，统一开发。为发挥矿山的规模生产优势，在技术可行条件下确定矿山生产规模为 20000t/d，并根据露天开采境界圈定结果、开拓运输方式和采剥工艺等，对矿山开采生产规模验证如下：

A 按矿山工程延深速度验证

生产能力验证结果表明：要达到 20000t/d 的生产规模年下降速度约为 40m/a 时。这样的延深速度在国内相对较大，对设备和管理水平有比较高的要求。

B 按可布置的挖掘机工作面数目验证

采矿选用 2 台 $6m^3$ 挖掘机，剥离需要 6 台 $20m^3$ 挖掘机，同时工作的采矿台阶为 1 个，同时工作的剥离台阶为 2~3 个可满足 20000t/d 的采矿规模。

C 按新水平准备工程量验证

新水平准备工程完成一个循环所需时间为 2 个月，折合矿山工程延深速度 60m/a，可以满足矿山生产能力要求。

9.3.4.2 矿山规模分类比较

以下对分别从静态及动态投资收益角度比较两种选矿工艺方案的经济效益，不同分界品位条件下生产规模见表 9-12。

表 9-12 不同分界品位生产规模

分界品位/g·t^{-1}	1.3	1.4	1.5	1.6	1.7	1.8	1.9	2.0	全堆浸
全泥氰化规模/t·d^{-1}	4000	3500	3000	2700	2300	2000	1800	1500	—
堆浸规模/t·d^{-1}	16000	16500	17000	17300	17700	18000	18200	18500	20000
规模合计/t·d^{-1}	20000	20000	20000	20000	20000	20000	20000	20000	20000
基建投资/万元	643676	64644	64718	64651	64413	64107	63833	63301	56000

A 静态投资收益比较分析

从静态投资收益角度比较全泥氰化和堆浸毛利润（未包含投资及采剥成本），基建投资与采剥成本，不同生产规模静态收益比较分析如图 9-22 所示。从图中可以看出，当两选矿工艺分界品位在 1.5~2.0g·t^{-1} 时，经济效益较好。该方法由于未考虑资金的时间价值，反映不出净现值大小。

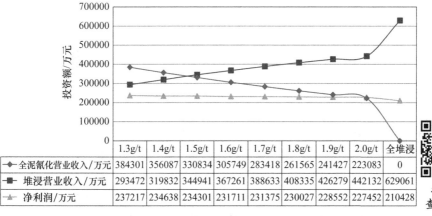

	1.3g/t	1.4g/t	1.5g/t	1.6g/t	1.7g/t	1.8g/t	1.9g/t	2.0g/t	全堆浸
全泥氰化营业收入/万元	384301	356087	330834	305749	283418	261565	241427	223083	0
堆浸营业收入/万元	293472	319832	344941	367261	388633	408335	426279	442132	629061
净利润/万元	237217	234638	234301	231711	231375	230027	228552	227452	210428

扫一扫
查看彩图

图 9-22 不同生产规模静态投资收益图

B　动态投资收益比较分析

从动态投资收益角度比较两选矿工艺组合情况下净现值（$i=10\%$）和内部收益率，不同生产规模动态收益比较分析如图9-23所示，图中显示当分界品位在1.5~2.0g/t时，其对应生产规模净现值及内部收益率较好。

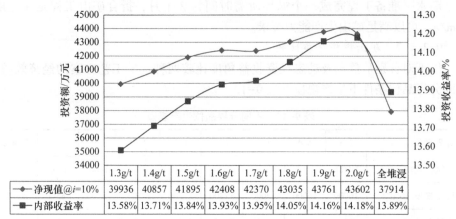

	1.3g/t	1.4g/t	1.5g/t	1.6g/t	1.7g/t	1.8g/t	1.9g/t	2.0g/t	全堆浸
净现值@$i=10\%$	39936	40857	41895	42408	42370	43035	43761	43602	37914
内部收益率	13.58%	13.71%	13.84%	13.93%	13.95%	14.05%	14.16%	14.18%	13.89%

图9-23　不同生产规模动态投资收益图

扫一扫查看彩图

C　两选矿工艺组合规模确定

从经济角度分析，分界品位为1.5~2.0g/t时，全泥氰化工艺对应的合理生产规模1500~3000t/d；堆浸工艺对应的合理生产规模17000~18500t/d。当分界品位为2.0g/t时，两选矿工艺组合规模净现值及内部收益率最高。但在实际生产中，堆浸工艺存在浸出周期长，影响生产的不确定及其他不可预见因素，与全泥氰化相比，堆浸工艺获得稳定的利润可靠性较小。因此，结合矿山现场实际生产经验，推荐两选矿工艺组合规模分界品位为1.5g/t，全泥氰化工艺生产规模为3000t/d，堆浸工艺生产规模17000t/d，其逐年生产进度计划曲线如图9-24所示。

通过对露天境界内资源量分析，采用3Dmine软件统计分析不同品位分界点的矿石量，为实现经济效益最大化，选择了两种选矿工艺组合生产，确定露天矿山总生产规模为20000t/d。通过对静态、动态经济比较分析，从净现值、内部收益率分析，得出当Au边界品位为1.5~2.0g/t时，企业经济效果较优，同时考虑堆浸工艺在企业实际生产中存在的缺点，适当提高全泥氰化规模，可获得较为稳定现金流，从而确定了两种选矿工艺的组合规模，即全泥氰化规模3000t/d，堆浸规模17000t/d，为企业在生产中确定组合规模提供了理论指导和充足的决策依据。

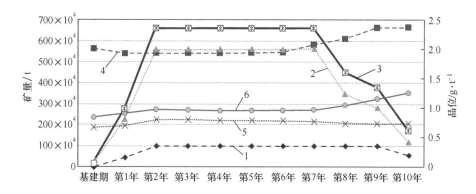

图 9-24 生产进度计划曲线图

1—采出矿量（原矿品位≥1.5g/t）；2—采出矿量（原矿品位<1.5g/t）；
3—采出总矿量；4—出矿品位（原矿品位≥1.5g/t）；
5—出矿品位（原矿品位<1.5g/t）；6—平均出矿品位

扫一扫查看彩图

9.4 大型露天矿开拓运输系统方案优化设计

矿床开拓是开采工艺的重要环节，运输方式是影响深凹露天矿生产成本和经济效益的最主要因素。确定合理的开拓方法，配合采矿工艺布置最佳的运输系统是保证生产、指导管理、提高企业经济效益的根本途径。

开拓运输方案应力求缩短矿山基建时间，尽量早投产、早达产。矿山生产中应以经济效益为中心，选择投资少、效益好的开拓运输方案，且开拓运输系统生产工艺简单、可靠、技术先进，与矿山服务年限相适应，生产经营费用低。

矿石开拓运输主要有汽车、电机车、胶带的多种组合方式，为了更好地开发利用矿山资源，需要根据采场内的矿岩流向以及矿岩空间分布的位置，提出可选的开拓运输方案，然后通过方案比较，选择适合该矿体开采的最优开拓运输系统。

9.4.1 矿山概况

某铜镍矿床位于青海省西部东昆仑山脉西段，柴达木盆地南缘。矿区沟谷深切，山势陡峻，植被稀疏，呈典型高原荒漠景观，海拔高度 3200~3600m。矿区资源储量达 1.5 亿吨，被誉为世界级大型铜镍矿床。

拟建矿山设计为露天开采方式，先期为山坡露天，后转入凹陷露天。设计露天境界上口尺寸为 1635m×1050m，境界内矿石量 9696.7 万吨，废石量 64422.72 万吨，平均剥采比 6.64t/t，采出矿石镍品位为 0.758%，铜品位为 0.163%，钴品位为 0.024%。露天采场最高标高 3660m，露天底标高 3015m，封闭圈标高为 3315m。台阶高度为 15m（靠帮并段后 30m），矿山生产规模为 675×10000t/a（2.25×10000t/d），服务年限为 16 年。

9.4.2 开拓运输方案

矿山采用陡帮条带式采剥工艺，采场作业面变化较频繁，灵活的公路汽车运输才能适应这种采剥方法，但废石运输驶离采场后线路相对较为固定，因此考虑调整固定线路的运输方式，以降低废石运输成本。综合分析三种可行的开拓运输方式。

9.4.2.1 公路汽车开拓运输方案

方案1为公路汽车开拓运输方案。露天开采具有剥采比大、剥离量大、高差大，工作面移动频繁的特点，采用公路汽车开拓运输方式的优势为灵活，适应性强，劣势为随着汽车运距增加运费增加明显。

根据本区矿岩性质特点、矿山采剥规模、当地气候条件，采用19台220t矿用自卸汽车运输废石，平均运距为3km。选用大型矿用自卸汽车，作业人员少，既节能，运输成本也低，汽车等待时间短，单向行车密度较小，能提高运行速度，充分发挥运输设备的效率，减少安全隐患。

9.4.2.2 公路汽车—固定式破碎站—胶带联合开拓运输方案

方案2为公路汽车—固定式破碎站—胶带联合开拓运输方案。采用汽车、胶带接力运输的方式将废石排至排土场，在运输线路复杂多变的前半部分还是采用公路汽车开拓运输，而在运输线路相对固定的后半部分选用固定破碎站—胶带开拓运输，此方案既有方案1的灵活性，又结合了胶带运输运营成本低的优点。

废石通过场内公路运输至破碎站，废石经破碎后由胶带运输至排土场，场内公路汽车运输平均运距1.6km，场外胶带平均运距2.5km，另需配备12辆220t级矿用卡车。露天采场剥离废石，经矿用卡车运输至固定破碎站破碎后，再由露天境界外的1号固定胶带转运至排土场南侧废石转载站，然后再由排土场内2号和3号移置胶带转载给排土机进行排弃。方案2胶带运输线路布置示意如图9-25（a）所示，主要设备配置见表9-13。

表9-13 固定破碎站—胶带输送系统设备配置

名　　称		数量	型号规格	备注
固定破碎站/座		2	4000t/h 1500kW/站	2座同时工作
1号胶带	胶带输送机/套	1	4.0m/s 水平机长850m	
	变频电动机/台	2	750kW	2台同时工作
2号胶带	胶带输送机/套	1	4.0m/s 水平机长1180m	
	变频电动机/台	3	1400kW	3台同时工作
3号胶带	胶带输送机/套	1	6.0m/s 水平机长1900m	
	变频电动机/台	4	2240kW	4台同时工作
排土机/台		1	750kW	2台电机

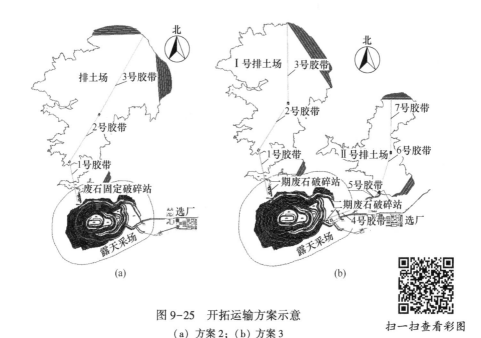

图 9-25　开拓运输方案示意

(a) 方案 2；(b) 方案 3

扫一扫查看彩图

9.4.2.3　公路汽车—半移动破碎站—胶带联合开拓运输方案

方案 3 为公路汽车—半移动破碎站—胶带联合开拓运输方案。此方案在方案 2 的基础上将固定破碎站改为半移动破碎站，根据露天采场内废石运输的距离，调整破碎站的位置，增加开拓运输系统灵活性，有利于减少汽车运距，但也增加了破碎站拆装的工序及投资。

随着露天开采的向下延伸，往下搬迁破碎站。废石通过场内公路汽车运输至半移动式破碎站，经破碎后由胶带运输至排土场。设置两期移动破碎站，分期搬迁，场内公路汽车运输平均运距 1.0km，另需配备 10 辆 220t 级矿用卡车。

方案 3 根据采场两出入口位置，按照废石就近排放原则，设置两个排土场，分别为Ⅰ号排土场（一期排放，采场西北侧）、Ⅱ号排土场（二期排放，采场东北侧）。一期破碎站设置于露天采场西北侧出入口处，与方案 2 固定破碎站位置相同，露天采场外的废石胶带系统与方案 2 相似，不同之处为胶带平均运距较方案 2 减小，为 2.1km。二期破碎站移至采场东侧，废石经矿用卡车运输至二期固定破碎站破碎后，再由露天境界内的 4 号和 5 号固定胶带转运至Ⅱ号排土场南侧废石转载站，然后再由Ⅱ号排土场内 6 号和 7 号移置胶带转载给排土机进行排弃，二期场外胶带平均运距 2.25km。方案 3 胶带运输线路布置如图 9-25（b）所示，主要设备配置见表 9-14。

表 9-14 半移动破碎站—胶带输送系统设备配置

名称			数量	型号规格	备注
半移动破碎站/座			2	4000t/h 1500kW/站	2座同时工作
一期废石胶带输送系统	1号胶带	胶带输送机/套	1	4.0m/s 水平机长 850m	
		变频电动机/台	2	750kW	2台同时工作
	2号胶带	胶带输送机/套	1	4.0m/s 水平机长 1180m	
		变频电动机/台	3	1400kW	3台同时工作
	3号胶带	胶带输送机/套	1	6.0m/s 水平机长 1400m	
		变频电动机/台	4	1650 kW	4台同时工作
	排土机/台		1	750kW	2台电机
二期废石胶带输送系统	4号胶带	胶带输送机/套	1	4.0m/s 水平机长 800m	
		变频电动机/台	3	950kW	3台同时工作
	5号胶带	胶带输送机/套	1	4.0m/s 水平机长 350m	
		变频电动机/台	3	670kW	3台同时工作
	6号胶带	胶带输送机/套	1	4.0m/s 水平机长 770m	
		变频电动机/台	3	1000kW	3台同时工作
	7号胶带	胶带输送机/套	1	6.0m/s 水平机长 1000m	
		变频电动机/台	4	1200kW	4台同时工作
	排土机/台		1	750kW	2台电机

9.4.3 开拓运输方案比较

9.4.3.1 运输方案的投资比较

按照拟定的废石运输方案，进行采矿系统、运输系统设备及电控系统配置，结合总图工程等进行投资估算，各方案投资估算见表 9-15。

表 9-15 各方案投资估算表比较 （万元）

序号	工程项目和费用名称	方案 1	方案 2	方案 3
一期工程费用	采矿运输设备	33250	21000	17500
	露天废石破碎系统		10300	10300
	排土场移动胶带		4650	3679
	排土机及移设机		4100	4100
	地表胶带输送系统		5390	5307
	总图工程	3500	7390	6926
	小 计	36750	52830	47812

序号	工程项目和费用名称	方案1	方案2	方案3
二期 工程 费用	采矿运输设备			
	露天废石破碎系统			1300
	排土场移动胶带			265
	排土机及移设机			50
	地表胶带输送系统			5242
	总图工程			6720
	小　计			13577
合计		36750	52830	61389
差额（与方案1相比）		0	16080	24639

9.4.3.2 各方案成本费用及净现值差额

各方案可比成本及净现值差额见表9-16。

表9-16 各方案成本及净现值差额 （万元）

项　目	方案1	方案2	方案3		
	汽车运输	固定式破碎	半移动式破碎		
			一期	二期	加权平均
总成本/元·m⁻³	20.18	20.34	17.67	20.24	18.70
汽车运输/元·m⁻³	20.18	10.65	8.19	8.92	8.48
胶带运输及破碎/元·m⁻³	0	9.68	9.48	11.32	10.22
费用现值（$i=8\%$）/万元	242465.03	259646.54	248182.63		

9.4.3.3 比较结果分析

公路汽车废石运输方案的投资最低，方案3投资最高。与方案1相比，方案2和方案3分别增加投资为16080万元和24639万元。

由于开采工艺特点，主要废石集中在采场西南侧，封闭圈以上废石量约占废石总量的60%。另外，采场作业面变化较频繁，限制破碎站位置的设置，采用破碎站—胶带运输方案的同时，需要新增汽车数量没有有效减少，因而不能很好地发挥破碎站加胶带运输的优越性。与公路汽车运输方案相比，方案2固定式破碎站—胶带运输方案单位成本增加 0.16 元/m³，按年胶带运输量 1476 万立方米计算，废石运输成本增加 236.16 万元/a，费用现值增加 13081.51 万元。方案 3 半移动式破碎站—胶带运输方案单位成本减少 1.34 元/m³，平均废石运输成本低 1997.84 万元/a，但由于在二期半移动破碎机及胶带移设，增加破碎站拆装的工序及投资，费用现值增加 1596.97 万元。

从投资及经营成本分析，方案 1 最优，其次为方案 3，再次为方案 2。综合比较三个方案，考虑山坡露天开采时，采用汽车运输方案的灵活性、适应性，采用全汽车运输方案更具优势。因此推荐方案 1，即全汽车运输方案。

本节在分析大型深凹露天金属矿废石运输基础上，提出公路汽车开拓运输方案、公路汽车—固定式破碎站—胶带联合开拓运输方案、公路汽车—半移动破碎站—胶带联合开拓运输方案，通过技术经济分析确定公路汽车开拓运输为合理的优化配置方案。对于采用陡帮条带式采剥工艺，由于采场作业面变化较频繁，灵活的公路汽车运输较为适应这种采剥方法。随着露天开采深度继续向深部延伸，运输成本增加成为制约单一汽车运输方式在深凹露天矿中应用的因素。因此，深凹露天矿要求与之适应的高效联合运输方式，但要综合考虑技术经济因素，开拓运输系统要在技术可行条件下，以企业经济效益最大化为目的进行优化选择。

9.5 露天矿高陡边坡稳定性评价及综合加固措施

边坡稳定性评价方法可分为定性分析和定量分析两个主要方向。近几十年来，随着近代计算技术的飞跃发展，学术界在探索边坡稳定性分析方法以及相应的软件程序方面，取得了巨大的进展和成就。目前，以数值技术模拟为手段较为常用，较为权威的数值模拟方法有：有限元法、离散元法、快速拉格朗日分析法、边界元法、流形元法、不连续变形分析法等如图 9-26 所示，常见的边坡稳定性分析理论方法有极限平衡法、强度折减法。

有限元法可以给出岩体的应力、应变大小和分布，避免了单一极限平衡分析法中将滑体视为刚体而过于简化的缺点，可近似地根据应力、应变规律去分析边坡的变形破坏机制。极限平衡法是边坡稳定性分析的主要手段，可以计算边坡的稳定性系数，但要实现假定滑动面的位置和形状。与传统的极限平衡法相比，强度折减法算法更为严格，但判别方法不太成熟。因此，将有限单元法与极限平衡理论计算进行有机结合是分析边坡稳定的有效途径。

在边坡监测方面，随着航天技术和计算机技术的应用，基于全球定位系统 GPS 的监测手段极大地推动了边坡动态监测预报工作的开展。西班牙的 Josep·A·Gill 等利用 GPS 监测 Vallcebre 滑坡，精度达到毫米级，与传统监测手段相比，GPS 监测技术以其覆盖面广、监测时间短、全天候、全自动、连续同步等监测优点逐渐得到推广应用。

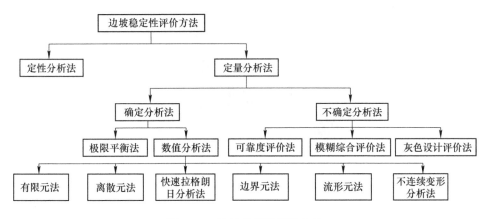

图 9-26 边坡稳定性评价方法

9.5.1 边坡稳定性分析

某金矿属于山坡+凹陷露天开采矿山，边坡高度差异较大，边坡主要岩性由黏土岩和砂岩组成，岩体受构造等因素影响，产状变化复杂，总体稳定性较差。

受区域构造的影响，矿区含矿层地层中节理较为发育，有北东、北西及近南北向节理及层理 3 组结构面，其走向、倾向延展有限，结构面发育密度一般 1~3 条/m。节理裂隙倾角多为 60°~80°，多为张性裂隙，泥质充填，结构面抗剪强度低，结合力差，常形成板状结构体，在地下水的渗透软化作用下易产生崩落、坍塌。含矿层地层软质岩组大多为薄—中厚层，层理发育，层理胶结差。

边坡主要岩性由硬质夹软质岩组、软质夹硬质岩组、松散岩组构成。岩体质量总体较差。主要岩体物理力学性质见表 9-17。

表 9-17 主要岩体物理力学性质

岩体 名称	单轴饱和抗压强度 /MPa	饱和抗剪强度		普氏硬度 系数（f）	容重 /t·m^{-3}	松散 系数
		tanφ	C/MPa			
黏土岩	21.87~45.19	0.65~0.67	1.19~1.36	3~5	2.69	1.50
砂岩	34.77~116.03	0.68~0.70	1.36~1.70	6~10		

露天矿边坡三维模型如图 9-27 所示，按照边坡倾角、岩性、地质构造等特点将边坡共分为 5 个分区，分区示意图如图 9-28 所示。最高边坡 A 区高度为 190m，位于露天境界的北端。

扫一扫查看彩图

图 9-27 露天矿边坡三维模型

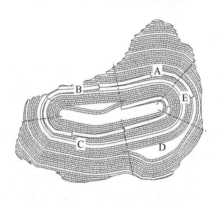

扫一扫查看彩图

图 9-28 露天矿边坡分区示意图

A、B 区边坡坡面走向与岩层、断层走向相交，夹角大于 40°，此区域边坡从岩体结构情况分析，总体趋于稳定。但区域 A 边坡顶部，岩体局部较破碎，且风化严重，属于碎裂结构边坡，边坡稳定性较差，易发生局部弧面滑动。

C、D 区边坡坡面走向与地层、断层走向近于平行，从地质剖面上分析，地层倾向受褶皱影响变化较大。优势面为沉积结构面和构造结构面，易产生顺层临空面滑动。

E 区边坡坡面与地层走向垂直，另有次级断层通过，断层走向与边坡垂直，优势面为构造结构面中的节理、裂隙及次生结构面，从岩体结构情况分析，此区域总体趋于稳定模式。

地质报告中，给出了边坡岩石的强度参数，但是在实际工程中，由于边坡受围岩存在断层、节理面、裂隙面、岩体结构优势面的组合等影响，工程岩体强度并不同于岩石强度，参考现有的成果，在对 CSIR 法、费辛柯法、M. Georgi 法、E. Hoek 法以及经验法等方法的基础上，针对露天边坡实际情况，依据地质报告中给出的岩石强度参数，采用经验法对岩体强度参数进行折减，露天矿边坡岩体强度指标见表9-18。

表9-18 采用经验折减法后岩体强度

序号	岩组	C_r/MPa	C_m/MPa	φ_R/(°)	φ_m/(°)
1	黏土岩	1.19~1.36	0.0638	33.0~33.8	36
2	砂岩	1.36~1.70	0.0765	34.2~35.0	37

注：C_r，C_m 分别为折减前、后内聚力；φ_r，φ_m 分别为折减前、后内摩擦角。

计算采用 ANSYS 软件，按照平面应变建立有限元模型，边界条件为左右两侧水平约束，下部固定，上部为自由边界，如图9-29和图9-30所示。A 截面单元数量5035个，节点12828个。D 截面单元数量4234个，节点7075个。采用一次性施加全部重力荷载，荷载增量步设置为1步，ANSYS 程序提供的稀疏矩阵求解器（Sparse Matrix Direct Solver），采用全牛顿—拉普森迭代方法计算（Full Newton-Raphson）。

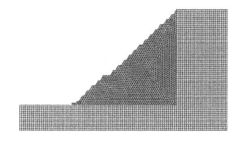

扫一扫查看彩图

图9-29 A 区有限元模型

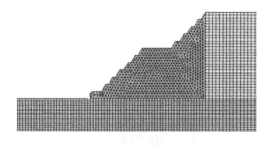

扫一扫查看彩图

图9-30 D 区有限元模型

通过不断降低岩土体抗剪强度参数直至达到极限破坏状态，ANSYS 软件根据弹塑性有限元计算结果得出潜在滑动面，根据有限元软件中显示活动面趋势构成滑动圆弧，将边坡岩体参数、滑动面位置导入软件，可得到边坡强度安全系数。

在图 9-31 中，A 区边坡截面高度为 190m，最终边坡角为 41.6°，采用有限元软件，确定了边坡剪切滑动面参数。通过计算，瑞典条分法得到的安全系数为 1.176，简化 Bishop 法计算的安全系数为 1.262，Janbu 法得到的安全系数为 1.267。此区域边坡为工作帮永久边坡，根据《有色金属采矿设计规范》（GB50771-2012），稳定系数要达到 1.2 ~ 1.3。为确保边坡的安全性，本区边坡需采取加固措施，来提高边坡的稳定性。

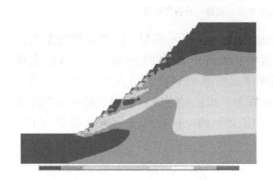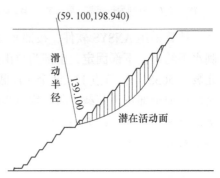

图 9-31　A 区滑动面位置示意图

扫一扫查看彩图

在图 9-32 中，D 区边坡截面高度为 80m，最终边坡角为 35.8°，通过计算，瑞典条分法得到的安全系数为 1.544，简化 Bishop 法计算的安全系数为 1.599，Janbu 法得到的安全系数为 1.600，该边坡设计满足规范要求。在 B、C、E 三个分区中，选取典型断面，计算得到了典型断面的安全系数，边坡参数与安全系数表见表 9-19。

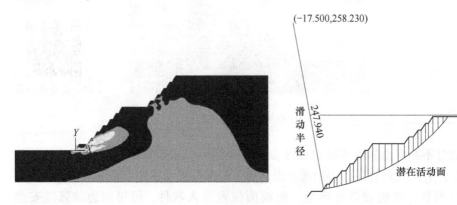

图 9-32　D 区滑动面位置示意图

表9-19 边坡参数与安全系数表

区域	边坡高度 /m	最终边坡角 /(°)	安全系数			是否满足 规范要求	备注
			瑞典法	简化 Bishop	Janbu 法		
A	190	41.6°	1.176	1.262	1.267	否	需加固
B	80	41.8°	1.634	1.672	1.670	是	
C	150	42.8°	1.229	1.276	1.279	是	
D	80	35.8	1.544	1.599	1.600	是	
E	80	40.5	1.239	1.311	1.321	是	

9.5.2 边坡加固措施

因矿区地层岩性较复杂，岩体稳定性较差、抗风化能力弱，且岩体受构造等因素影响，本次设计推荐对 A 区边坡采用综合加固措施对边坡进行加固。

9.5.2.1 预应力锚索加固边坡

滑体所需要总锚固力 P 可按式（9-6）计算：

$$P = \frac{KW\sin\beta - \cos\beta\tan\varphi - c \cdot s}{\cos(\beta + \Delta) \div \sin(\beta + \Delta)\tan\varphi} \tag{9-6}$$

式中，K 为滑体稳定系数，1.1~1.2；W 为滑体重量；β 为滑动面倾角，°；c 为滑动面单位黏结力；s 为滑动面面积；Δ 为锚杆安装角；φ 为内摩擦角，°。

锚索加固边坡及安装示意图如图9-33和图9-34所示。

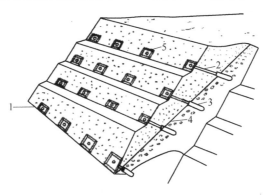

图 9-33 锚索加固边坡示意图
1—锚头；2—张拉端；3—锚固段；4—活动面；5—墩台

在边坡中用钻机每隔一定距离打钻孔，将锚索插入钻孔中用砂浆锚固后，用张拉设备在锚头给锚杆施加预应力，使滑体向稳固的岩体压紧，锚固段砂浆与钻孔壁周围间的摩擦阻力将锚索的应力传递至钻孔深部稳固的岩体中，因而滑动面处增加了摩擦阻力，提高了滑体的稳定性。

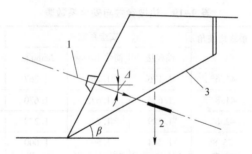

图 9-34 锚索安装示意图

1—锚固力；2—滑体重；3—滑动面

预应力锚索加固边坡具体参数如下：

（1）长锚索。长锚索孔直径为 110mm，内装 6 根直径为 15.24mm 钢绞线，钻孔轴线与水平面夹角为俯角 31°，锚索平均长 25m（最长 33m），锚固端长 8m。利用工程类比法锚索设计荷载为 900kN 级。选择 QLM15-7 锚具，垂高为 10m 的台阶，共布置 2 排长锚索，排距 2.5m，间距 5m。

（2）锚索注浆。采用 P. C32.5 级水泥配制纯水泥浆，水灰比 0.35~0.40。

（3）锚墩为梯形，底面截面尺寸 1m×1m，高 0.6m，顶面尺寸为 0.4m×0.4m。

施工时，随着边坡的开挖，逐层钻凿长锚索孔，安装锚索，锚索加固边坡区域如图 9-35 所示。A 区边坡锚索加固示意图如图 9-36 所示。

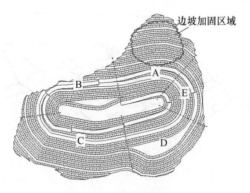

图 9-35 锚索加固区域

扫一扫查看彩图

9.5.2.2 加固后边坡稳定性验算

利用上述预应力锚索设计参数对 A 区边坡加固后，其稳定系数按式（9-7）进行验算。

$$K = \frac{W\cos\beta\tan\varphi + P\sin(\beta + \Delta)\tan\varphi + c \cdot s}{W\sin\beta - P\cos(\beta + \Delta)} \tag{9-7}$$

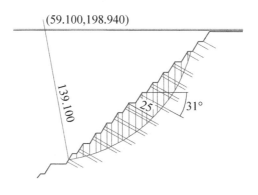

(59.100,198.940)

139.100

25

31°

扫一扫查看彩图

图 9-36 A 区边坡锚索加固示意图

通过 ANSYS 软件计算得出对 A 区边坡锚索加固后安全系数，瑞典条分法得到的安全系数为 1.234，简化 Bishop 法计算的安全系数为 1.319，Janbu 法得到的安全系数为 1.322，能够满足设计要求。

9.5.2.3 喷射混凝土护坡

由于该矿区边坡岩体抗风化能力弱，风化后岩体十分破碎，对坚硬易风化，但还未遭严重风化的岩石边坡，为防止进一步风化，剥落及零星掉块，采用喷射混凝土方式，使在边坡上形成一层保护层。喷射混凝土层封闭了围岩表面，隔绝了空气、水与围岩的接触，有效地防止了风化潮解而引起的围岩破坏与剥落。同时，由于围岩裂缝中充填了混凝土，使裂隙深处原有的充填物不致因风化作用而降低强度，也不致因水的作用而使得原有的充填物流失，使围岩保持原有的稳定和强度。

由于喷射速度很高，混凝土能及时地充填围岩的裂隙、节理和凹穴的岩石，大大提高了围岩的强度。且喷射混凝土护坡具有重量轻，施工所需设备简单的特点。施工时根据边坡开采实际情况进行护坡，采用不低于 425 号普通硅酸盐水泥，喷混凝土厚度以 3~5cm 为宜。

9.5.3 边坡稳定性监测

为确保边坡在采矿过程中的安全稳定，本节提出采用 GPS-RTK 三维位移监测系统对边坡进行跟踪监测。GPS-RTK 三维监测技术具有全天候作业、自动化程度高、快速获得监测点三维坐标、定位精度高、测站间无须通视、受天气影响小等特点，已经广泛应用于大型结构物的变形监测工作，并获得很好的监测效果。

建立边坡位移监测系统对永久边帮进行监测，其次对涉及整体边坡稳定性的区段边坡进行监测。在监测过程中，通过对位移的变化，发现露天开挖引起的岩体移动的规律在边坡有失稳征兆时，采取工程加固或其他治理措施。另外，根据获得监测数据，验算边坡稳定性，对影响边坡稳定性的影响参数进行反分析，以保证矿山生产的安全。

边坡监测点包括矿坑外地表监测点、开采层坡面监测点、运输道监测点。矿坑外地表监测相邻点间距离约 100m，开采层坡面监测点沿开采层坡顶线和坡底线均匀布置，同一线上相邻监测点间的距离约 50~100m，运输道监测点沿运输道边缘均匀布置，相邻监测点间的距离约 50m。

本节以某露天矿高陡边坡为例，基于 ANSYS 有限元软件对边坡进行稳定性评价。考虑岩体受断层、节理面、裂隙面、岩体结构优势面等组合影响，利用经验法对岩体强度参数进行折减。得出 A 区边坡稳定性较差，不能满足相关安全规范要求，需进行加固处理。针对 A 区边坡稳定性差且易风化等特点，采取预应力锚索和喷浆及喷射混凝土护坡综合措施加固边坡，并对预应力锚索加固后边坡进行稳定性验算，其稳定性系数达到规范要求。为确保边坡在采矿过程中的安全稳定，提出采用 GPS 三维位移监测系统对边坡进行跟踪监测，实现了对边坡跟踪监测预报。

9.6 排土场优化设计及综合治理措施

矿山排土场建设需要占用大量的土地，是我国矿业破坏国土的主要组分，已成为危及矿区经济可持续发展重要因素。在我国，排土场占地面积为矿山总占地面积的 35%~50%，目前全国排土场、矸石山总占地面积已达 1.4 万~2.0 万平方千米，并以每年 340km² 面积在增加。因此追求在设计上增加堆高、坡度，扩大堆容、建设超高台阶排土场成为不少矿山节约土地资源、追求经济效益的选择。

排土场的稳定性受到占地大小、排土方案和参数的选择、合理排土工艺的因素等影响，是矿山主要的危险源，其稳定性是矿山安全管理的重点，排土场失稳将使矿山遭受巨大的经济损失和环境破坏。目前，我国冶金矿山受地形及征地条件限制，排土场不断向高排土场方向发展，已设计形成高达 300m 的大型覆盖式排土场，其稳定性直接影响下游设施的安全。因此，研究排土场稳定性及其综合治理措施，尤其是结合高台阶排土场排土工艺，对于增加排土堆置容量，提高排土效率及矿山经济效益，减少占地和环境污染具有十分重要的意义。

9.6.1 工程背景

某金矿区地形陡峻，沟谷纵横，为强烈风化剥蚀的低中山地貌，如图 9-37 所示。矿区属亚热带区，冬春暖和，无大的冰霜，夏季炎热，雨量充沛，地表水系发育。

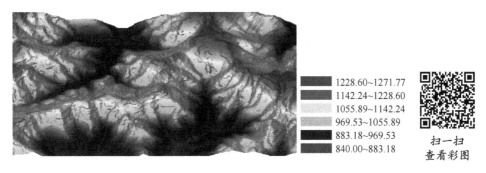

1228.60~1271.77
1142.24~1228.60
1055.89~1142.24
969.53~1055.89
883.18~969.53
840.00~883.18

扫一扫
查看彩图

图 9-37 矿区地形三维图

矿体呈东西向近似平行排列，部分矿体成群出现，各矿体均出露地表，且大部分矿体具有近地表品位高、厚度大，深部品位低、厚度小的特点。矿体埋藏较浅，矿岩稳固性较差，设计为露天开采方式，公路开拓、汽车运输的开拓运输形式，采用穿孔—爆破—采装—运输的采剥工艺。矿区分两个露天采场，开采深度为960m，均为山坡+凹陷露天坑。设计剥离废石共计2420万吨，需要排土场容量为1214.46万立方米。

9.6.2 排土工艺方案

9.6.2.1 排土场位置选择

为减少排土场占地面积及缩短土石方运距，选择露天采场东侧较大山谷作为生产期的排土场，可以实现岩石就近排弃，降低矿山经营费用，但在拟定排土场位置北侧，存在部分矿体，因此有可供选择的两个方案，即方案1：排土场北侧依山堆平方案；方案2：排土场北侧呈台阶状堆置，如图9-38所示。

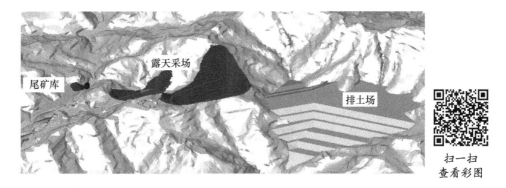

尾矿库　露天采场　排土场

扫一扫
查看彩图

图 9-38 排土场三维图

若采用方案1，堆置后排土场将存在压矿现象，排土场北侧区域赋存矿体，且矿体距离地表较近，最近处约20m，若将排土场北侧依山堆平，将影响此部分矿体后期开采工程的布置。若采用方案 2，可以避免压矿，但可能堵塞上游雨季水路，易形成堰塞湖，因此若采用此方案，需采用工程措施疏排上游汇水，避免形成安全隐患。为了不影响后期矿体开采，确保矿山生产效益最大化，选择采用方案 2。

9.6.2.2　排土工艺方式

按照排土场地形条件、岩土性质以及矿山开拓运输方式等，按排土顺序可以分为单台阶排土场、覆盖式排土场、压坡脚式排土场，其示意图如图 9-39 所示。

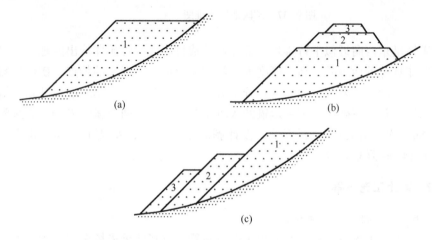

图 9-39　排土场堆积方式剖面图（号码表示排土顺序）

(a) 单台阶式排土场；(b) 压坡脚式排土场；(c) 覆盖式排土场

针对本矿区地形特点，采用单台阶排土场设置分散、规模小、数量多，堆置高度大，且安全条件较差；采用覆盖式排土场道路修筑工程量大、排土运距长、排土成本高。

鉴于本矿山坡露天矿、沟谷地形特点，采用压坡脚式排土场，可以实现高处高排的效果，减少汽车运距，从而降低排土成本，排土顺序如图 9-40 所示。除此之外，可以达到稳定排土场目的。先期剥离大量的表土和内化层被堆置在上水平的排土台阶，而在下部和深部剥离的坚硬岩石，岩石从坡体上滑落所产生的惯性，产生最好的自然分级，粗的、坚硬的岩石集中在坡脚的底部，堆置在后期的排土台阶，压住上部台阶的坡脚，起到抗滑和稳定坡脚的作用。

按照有色金属矿山排土场设计规范，设计台阶高度 20m，台阶坡面角控制为30°，最小工作平台宽度为 43m。排土方式采用全汽车运输、推土机辅助推平排弃方式。排土场初期采用环形扩展方式如图 9-41 所示。

对于压坡脚式排土场，每个台阶的堆置过程中所暴露的边坡高度仍然很大，在排土过程中也会遇到很多边坡稳定问题。因此，在排土场坡脚处设置拦渣坝，拦渣坝在排土前先建好，一方面利用压坡脚式堆置方法来反压和支撑上一台阶的松软岩土，防止滑坡；另一方面起到初期防止小规模泥石流作用。拦渣坝基础开挖至岩石层，开挖深度据实际情况进行调整，坝体采用块石堆筑，块石大小搭配，相互错叠，坝体外坡表层采用干砌，大块石进行护坡，坝顶采用单层砌石盖面。在地形陡峭的山谷地区，采用在排土场内部修筑道路，可以避免修筑道路难度高、填挖土方工程量大等问题，如图9-42所示。

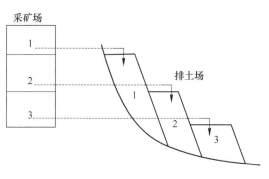

图9-40 压坡脚式排土顺序

图9-41 排土场环形扩展方式

9.6.3 排土场防洪

将排土场设在沟谷中，使得排土场的堆积容量增加，实现就近集中排弃，经济上合理，但随之而带来的是沟谷中的溪流通过排土场底部渗流的方式通过，尤其在暴雨季节地表径流量急剧增加，易在上游积水，易引发排土场失稳及滑坡等问题。为此，需做好排土场内部及外部的防洪设施。

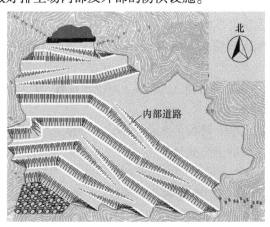

扫一扫查看彩图

图9-42 排土场内道路布置图

9.6.3.1 底部泄流体

排土场内的地下水和滞留水是影响排土场稳定的根源，是产生滑坡的主要原因。为避免汛期排土场北侧汇水区形成堰塞湖，如图 9-43 所示，以及降水致使排土场底部水位升高后岩体强度随之降低，在排土场建成的底部泄流体，即在排土场底部使用大块碎石作为泄流体，疏排上游汇水及排土场上部渗水，避免上游形成堰塞湖。采用底部泄流体工程措施具有建设费用低，能实现疏水稳坡的效果。

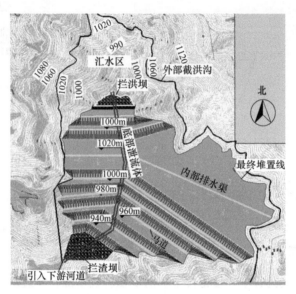

扫一扫查看彩图

图 9-43 排土场防洪布置图

底部泄流体主要由大粒径废石组成，废石排弃时挑选大粒径废石，废石块度平均粒径大于 500mm，在高处沿天然斜坡排弃废石，废石在滑滚过程中自然分选，在坡脚处形成大块度堆体。

排土场北侧汇水面积约 0.16km²，汇水总量按下式计算：

$$W_{24} = 1000\alpha_{24}H_{24}F \tag{9-8}$$

式中，W_{24} 为年最大 24h 降雨汇水总量；α_{24} 为径流系数，H_{24} 为年最大 24h 降雨量均值降雨量；F 为汇水面积。

经计算得出年最大 24h 降雨汇水总量 $W_{24} = 12096m^3$，水深峰值可达 12m。

底部泄流体流速按如下公式计算：

$$Q_p = \gamma S_p v \tag{9-9}$$

式中，Q_p 为泄流体流速；γ 为泄流体孔隙系数；S_p 为泄流体过水面积；v 为泄流体入口处流速；经计算得底部泄流体流量为 1.0m³/s，约 3.36h 能排出排土场上游年最大 24h 降雨汇水。排土场底部泄流体的排洪设计能够疏排雨汛期上游汇水，而且可以对坡面入渗的降水进行排泄，保证排土场的坡体稳定。

9.6.3.2 排土场外防洪

排土场排洪关系着排土场的安全，在排土场外缘修建截洪沟，将上游汇水引致低洼地带，保证雨季排土场安全。根据排土场地形特点，在排土场上游修建一座拦洪坝，坝高5.5m，洪水通过溢洪道、西侧截洪沟和东侧截洪沟，直接排至下游。

为增加安全储备以便使排土场更好地为矿山生产服务考虑，防洪标准按50年一遇洪水进行校核。采用式（9-10）计算洪峰流量及洪水总量。

$$Q_p = \frac{A(S_p F)^B}{\left(\dfrac{L}{mJ^{\frac{1}{3}}}\right)^C} - D\mu F \tag{9-10}$$

式中，Q_p 为频率是 P 的洪峰流量；S_p 为频率是 P 的暴雨雨力；L 为水流长度；J 为沿 L 的河道平均坡降；m 为汇流参数；μ 为平均入渗率；A、B、C、D 分别为最大洪峰流量计算指数。

排土场西侧、东侧边坡洪水分别通过西侧截洪沟和东侧截洪沟排至下游，不同频率的洪峰流量、洪水总量见表9-20，截洪沟水力计算参数见表9-21。

表9-20 不同频率的洪峰流量、洪水总量

频率	K_p	西侧截洪沟		东侧截洪沟	
		洪峰流量 /m³·s⁻¹	洪水总量 /m³	洪峰流量 /m³·s⁻¹	洪水总量 /m³
$P=4.0\%$	2.00	6.69	19502	8.39	50350
$P=2.0\%$	2.25	7.64	21939	9.45	56644

表9-21 截洪沟计算参数

名称	底宽 B /m	坡比	设计水深 /m	超高 /m	坡度/%	暴雨递减指数	计算下泄流量 /m³·s⁻¹	所需下泄流量 /m³·s⁻¹
西侧截洪沟	1.0	0.5	1.0	0.2	4	0.0225	7.99	6.69
东侧截洪沟	1.3	0.5	1.3	0.2	1.2	0.0225	8.81	8.39

9.6.3.3 排土场内部防洪

排土场内形成平台后，在排土场平台上修筑排水沟拦截平台表面及坡面汇水，各安全平台设置反坡并开挖排水沟，排出安全平台和台阶坡面上的降水。排土场封闭后，台阶之间最小宽度为15m，台阶之间设置排水设施，设置2%逆坡，在靠近台阶坡底线设置排水沟，并与场外截洪沟相连，将水流引入场外，台阶间排水设施示意图如图9-44所示。

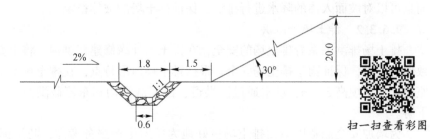

图 9-44 排土场平台台阶间排水设施示意图（单位：m）

9.6.4 复垦与加固

9.6.4.1 土工网垫护坡

土工网垫护坡是指利用活性植物并结合土工合成材料等工程材料，在坡面构建一个具有自身生长能力的防护系统，通过植物的生长对边坡进行加固的一门新技术。根据土质和区域气候的特点，在排土场表面覆盖一层土工合成材料并按一定的组合与间距种植多种植物，通过植物的生长活动达到根系加筋茎叶防冲蚀的目的，经过生态护坡技术处理，可在坡面形成茂密的植被覆盖，在表土层形成盘根错节的根系，有效抑制暴雨径流对边坡的侵蚀，增加土体的抗剪强度，减小孔隙水压力和土体自重力，从而大幅度提高边坡的稳定性和抗冲刷能力。

9.6.4.2 排土场复垦

矿山根据土地类型，因地制宜选择选择适宜复垦物种类型，选择当地根系发达生命力强的草种、树种，乔、灌、草合理配置，以尽快恢复植被，保持水土。

本节针对山坡露天矿、复杂山谷地形特点，进行排土场合理选址、排土场排土工艺优化设计。有效利用了地形优势，增强排土场稳定性，节约了土地资源、增加了排土场堆积容量，实现就近集中排弃，缩短运距，经济效益显著。在排土场选址过程中，避免了压矿，确保矿山后期生产效益最大化。为避免汛期排土场北侧形成堰塞湖。采用底部泄流体技术，疏排上游汇水及排土场上部渗水，在排土场内外分别设置排水沟、截洪沟防洪设施，保证了排土场的安全稳定。同时利用土工网垫护坡及复垦措施，实现了维护生态、保护环境目的。

9.7 本章小结

（1）本章基于多个矿山实例，以精细化技术进行一体化优化设计，先后进行深凹露天矿短分期开采工艺优化、露天矿组合生产规模分析、大型露天矿开拓运输系统方案优化设计、露天矿高陡边坡稳定性评价及综合加固措施、排土场优化设计及综合治理措施。

（2）利用三维可视化软件，对露天开采境界优化、采掘进度计划编制、以及排土场和道路等进行一体化设计。结果直观地反映了露天开采的时间、空间动态关系，比传统二维设计更为精确、高效，为生产管理提供有益帮助与指导。

（3）目前，矿业三维软件为矿山设计提供了一体化服务功能，但在施工图设计中优势不够明显。将来可探索增强三维软件二次开发功能，与计算机数据库结合，满足与实现个性化要求，快速、精确实现一体化设计。另外，数值模拟软件嵌套在矿业三维软件中，可统筹解决矿山岩石力学问题，实现定量分析计算功能。因此，矿业三维软件功能仍需进一步加强与完善。

参 考 文 献

［1］ Simon W Houlding. 3D geoscience modeling-computer techniques for geological characterization. Springer-Verlag, 1994.

［2］ 朱良峰, 任开蕾, 潘信, 等. 地质实体模型的三维交互与分析技术研究 ［J］. 岩土力学, 2007, 28 （9）: 1959-1963.

［3］ 肖玉华, 吴干华. 固体矿产地质勘查资源/储量估算的几种方法 ［J］. 西部探矿工程, 2012, 24 （5）: 117-118, 121.

［4］ 孙洪泉. 地质统计学及其应用 ［M］. 徐州: 中国矿业大学出版社, 1990.

［5］ 侯景儒. 中国地质统计学 （空间信息统计学） 发展的回顾与前景 ［J］. 地质与勘探, 1997, 33 （1）: 53-58.

［6］ 厉金龙. 基于 Surpac 的三维地质建模及可视化研究 ［D］. 重庆: 重庆大学, 2011.

［7］ 黄玉蕾. 数据库分组加密算法的研究 ［D］. 西安: 西安科技大学, 2008.

［8］ 李正元. 利用钻孔资料实现矿体三维可视化 ［D］. 济南: 山东科技大学, 2011.

［9］ 杨文静. 基于 Surpac 的银母寺铅锌矿床三维模型研究 ［D］. 西安: 西安科技大学, 2008.

［10］ 朱良峰, 吴信才, 刘修国等. 基于钻孔数据的三维地层构建 ［J］. 地理与地理信息学, 2004, 20 （3）: 26-30.

［11］ 陈硕. 基于钻孔数据的三维数字地层可视化系统研究 ［D］. 大连: 大连理工大学, 2008.

［12］ 刘进, 李绍虎. 断层的三维可视化建模研究 ［J］. 吉林大学学报 （地球科学版）, 2004, 34: 36-39.

［13］ 王新民, 赵彬, 张钦礼. 基于层次分析和模糊数学的采矿方法选择 ［J］. 中南大学学报: 自然科学版, 2008, 39 （5）: 875.

［14］ 周科平. 采场结构参数的遗传优化 ［J］. 矿业研究与开发, 2000, 20 （3）: 7.

［15］ 赵焕臣. 层次分析法 ［M］. 北京: 科学出版社, 1986.

［16］ 程理民, 吴江, 张玉林. 运筹学模型和方法 ［M］. 北京: 清华大学出版社, 2000.

［17］ Zhang F, Cao J W, Liu L C. Qualification evaluation in virtual organizations based on fuzzy analytic hierarchy process ［C］ //Proceedings of 2008 Seventh International Conference on Gid and Cooperative Computing. Beijing, 2008, 539.

［18］ 杜鹤民, 余隋怀, 初建杰, 等. 基于 Fuzzy -AHP 的 CBT 飞机维护系统评价 ［J］. 航空制造技术, 2009, （18）: 96.

［19］ Gokceoglu C, Yesilnacar C, Sonmez H, et al. A neuro-fuzzy model for modulus of deformation of jointed rock masses ［J］. Computers and Geotechnics, 2004, 31 （5）: 375.

［20］ Liu W J, Li Y M. Optimal Adaptive fuzzy control for a class of nonlinear systems ［C］ //2003 International Conference on Machine Learning and Cybernetics. Xi'an, 2003: 50-53.

［21］ 过江, 张为星, 赵岩. 岩爆预测的多维云模型综合评判方法 ［J］. 岩石力学与工程学报, 2018, 37 （5）: 1100-1205.

[22] 任红岗, 谭卓英, 蔡学峰, 等. 分段空场嗣后充填采矿法采场结构参数 AHP 优化 [J]. 北京科技大学学报, 2010, 32 (11): 1383-1387.

[23] Chen J, Yu G H, Gao X G. Cooperative threat assessment of multi-aircrats based on synthetic fuzzy cognitive map [J]. Journal of Shanghai Jiaotong University (Science), 2012, 17: 28-232.

[24] Zhao B W, Lu F X, Xie B, et al. A fast threat assessment model of aerial targets for submarine [J]. Advanced Materials Research, 2015, 1070-1072 (18): 2045-2050.

[25] Yuan J W, Zhu R G, He J L, et al. On a new threat assessment method in information fusion processing [C] //Proc of the 33rd Chinese Control Conference, 2014: 7226-7231.

[26] Fu L, Wang Q, Xu J, et al. Target assignment and sorting for multi-target attack in multi-aircraft coordinated based on RBF [C] //Proc of the 24th Chinese Control and Decision Conference, 2012: 1935-1938.

[27] Shuiabi E, Thomson V, Bhuiyan N. Entropy as a measure of operational flexibility [J]. European of Research, 2005, 165 (3): 696-707.

[28] Zhang Qingqing, Xu Yueping, Tian Ye, et al. Risk-based water quality decision-making under small data using Bayesian network [J]. Journal of Central South University, 2012, 19: 3215-3224.

[29] Liu S, For rest J, Yang Y. A brief introduction to grey systems theory [J]. Grey Systems: Theory and Application, 2012, 2 (2): 89-104.

[30] 王少勇, 吴爱祥, 韩斌, 等. 自然崩落法矿岩可崩性模糊物元评价方法 [J]. 岩石力学与工程学报, 2014, 33 (6): 1241-1247.

[31] Wu J, Francisco C. Non-dominance and attitudinal prioritisation methods for intuitionistic and interval-valued intuitionistic fuzzy preference relations [J]. Expert Systems with Applications, 2012, 39 (18): 13409-13416.

[32] Lakshmana G N V, Murali krishnan S, Sivaraman G. Multi-criteria decision-making method based on interval-valued intuitionistic fuzzy sets [J]. Expert Systems with Applications, 2011, 38 (3): 1464-1467.

[33] Xu Z S. A method based on distance measure for interval-valued intuitionistic fuzzy group decision making [J]. Elsevier Science Inc., 2010, 180 (1): 181-190.

[34] Jahanshahloo G R, Hosseinzadeh Lotfif, Davoodi A R. Extension of TOPSIS for decision-making problems with interval data: interval efficiency [J]. Mathematical and Computer Modelling, 2009, 49 (5): 1137- 1142.

[35] Shahzad Faizi, Tabasam Rashid, Wojciech Salabun, et al. Decision making with uncertainty using Hesitant Fuzzy Sets [J]. International Journal of Fuzzy Systems, 2017, 20: 93-103.

[36] Eric Afful-Dadzie, Zuzana Komínková Oplatková, Luis Antonio Beltran Prieto. Comparative State-of-the-art survey of classical fuzzy set and intuitionistic fuzzy sets in multi-criteria decision making [J]. International Journal of Fuzzy Systems, 2016, 19: 726-738.

[37] Dymova L, Sevastjanov P, Tikhonenko A. A direct interval extension of TOPSIS method [J].

Expert Systems with Applications, 2013, 40 (12): 4841-4847.

[38] Wei G. Some induced geometric aggregation operators with intuitionistic fuzzy information and their application to group decision making [J]. Applied Soft Computing, 2010, 10 (2): 423-431.

[39] 戚筱雯，梁昌勇，张恩桥，等. 基于熵最大化的区间直觉模糊多属性群决策方法 [J]. 系统工程理论与实践，2011, 31 (10): 1940-1948.

[40] Xu Zeshui. A method based on distance measure for interval-valued intuitionistic fuzzy group decision making [J]. Information Sciences, 2010, 180 (1): 181-190.

[41] 宫凤强，李夕兵，董陇军，等. 基于未确知测度理论的采空区危险性评价研究 [J]. 岩石力学与工程学报，2008, 27 (2): 323-330.

[42] 何美丽，刘浪，王宏伟，等. 基于集对分析的工程评标未知权重多属性决策 [J]. 中南大学学报（自然科学版），2012, 439 (10): 4057-4062.

[43] 赵奎，蔡美峰，饶运章，等. 采空区块体稳定性的模糊随机可靠性研究 [J]. 岩土力学，2003, 24 (6): 987-990.

[44] 杜坤，李夕兵，刘科伟. 采空区危险性评价的综合方法及工程应用 [J]. 中南大学学报（自然科学版），2011, 42 (9): 2802-2806.

[45] 王新民，丁德强，段瑜. 灰色关联分析在地下采空区危险度评价中的应用 [J]. 中国安全生产科学技术，2006, 2 (4): 35-39.

[46] 赵克勤. 集对分析及其初步应用 [M]. 杭州：浙江科学技术出版社，2000.

[47] Chen X Y, Jing Y W, Zheng Y, et al. An approach to warfare command decision making with uncertainty based on set pair analysis [C] //Proceedings of the 22nd Chinese Controland Decision Conference. Xuzhou: China University of Miningand Technology, 2010: 1354-1358.

[48] 刘晓，唐回明，刘瑜. 基于集对分析的滑坡变形动态建模研究 [J]. 岩土力学，2009, 30 (8): 2371-2378.

[49] Gong Feng-qiang, Li Xi-bing, Dong Long-jun, et al. Underground goaf risk evaluation based on uncertanty measurement theory [J]. Chinese Journal of Rock Mechanics and Engineering, 2008, 27 (2): 323-330.

[50] 李绍红，王少阳，吴礼舟. 基于 MCS-TOPSIS 耦合模型的岩体质量分类研究 [J]. 岩石力学与工程学报，2017, 36 (5): 1053-1062.

[51] 史秀志，刘博，赵建平，等. 顶底柱回采爆破方案优选的 AHP-TOPSIS 模型 [J]. 采矿与安全工程学报，2015, 32 (2): 333-348.

[52] 尹胜，杨桢，陈思翼. 基于改进模糊熵的区间直觉模糊多属性决策 [J]. 系统工程与电子技术，2018, 40 (5): 1079-1084.

[53] 任嵘嵘，袁赵萌. 基于区间直觉模糊集的高管团队成员选择模型 [J]. 东北大学学报（自然科学版），2015, 36 (12): 1795-1799.

[54] Yang Y, Zhang Q. The application of neural network to rock engineering systems [J]. Int J Rock Mech Min Sci, 1998, 35 (6): 727-745.

[55] 中华人民共和国国家标准. GB 50218—94 工程岩体分级标准 [S]. 北京：中国计划出版

社，1995.

[56] 中华人民共和国国家标准．GB 50021—2001 岩土工程勘察规范 [S]．北京：中国建筑工业出版社，2001.

[57] 刘士雨．地下工程围岩稳定性模糊综合评价及其应用研究 [D]．南昌：华东交通大学土木建筑学院，2009.

[58] 蔡毅，邢岩，胡丹．敏感性分析综述 [J]．北京师范大学学报（自然科学版），2008，44（1）：9-16.

[59] 黄书岭，冯夏庭，张传庆．岩体力学参数的敏感性综合评价分析方法研究 [J]．岩石力学与工程学报，2008，27（Z1）：2624-2630.

[60] 种照辉，李学华，姚强岭，等．基于正交试验煤岩互层顶板巷道失稳因素研究 [J]．中国矿业大学学报，2015，44（2）.220-226.

[61] 张东旭，侯克鹏，杨志全，等．岩体抗剪强度参数对边坡安全系数的敏感性分析 [J]．中国钨业，2015，30（4）：27-31.

[62] 王旭春，管晓明，王晓磊，等．露天矿边坡稳定性与岩体参数敏感性研究 [J]．煤炭学报，2011，36（11）：1806-1811.

[63] 许飞，胡修文，黄香亮，等．边坡岩体力学参数对 Hoek-Brown 准则参数敏感性的综合性分析 [J]．工程地质学报，2013，21（4）：613-618.

[64] 付宏渊，刘建华，张立，等．基于正交试验的岩质边坡动力稳定性分析 [J]．中南大学学报（自然科学版），2011，42（9）：2853-2859.

[65] 聂卫平，徐卫亚，周先齐．基于三维弹塑性有限元的硐室稳定性参数敏感性灰关联分析 [J]．岩石力学与工程学报，2009，28（Z2）：3885-3893.

[66] 郝杰，侍克斌，陈功民，等．基于围岩力学参数概率分布模型的变形敏感性灰关联分析 [J]．岩土力学，2015，36（3）：854-860.

[67] 董金玉，杨继红，杨国香，等．基于正交设计的模型试验相似材料的配比试验研究 [J]．煤炭学报，2012，37（1）：44-49.

[68] 曹文贵，翟友成，王江营．基于漂移度的隧道围岩质量分级组合评价方法 [J]．岩土工程学报，2012，34（6）：978-984.

[69] Hoek E, Carranza-TorresC, CorkumB. Hoek-Brown Failure Criterion-2002 edition [A]. Proceedings of NARMS-Tac 2002, Mining Innovationan Technology [C] //Toronto：University of Toronto, 2002, 267-273.

[70] 周科平，杜相会．基于 3DMINE-MIDAS-FLAC3D 耦合的残矿回采稳定性研究 [J]．中国安全科学学报，2011，21（5）：17-22.

[71] 邓红卫，胡普仑，周科平，等．采场结构参数敏感性正交数值模拟试验研究 [J]．中南大学学报（自然科学版），2013，44（6）：2063-2069.

[72] Khani M M. Practical long-term planning in narrow vein mines—a case study [C] //Proceedings of the International Seminar on Design Methods in Underground Mining. Australian Centre for Geomechanics, 2015：505-512.

[73] 陈孝华，魏一鸣，叶家冕，等．地下矿山采掘计划神经网络专家系统研究 [J]．云南冶

金，2002（5）：1-4.

[74] 王骐，宋正利. 计算机技术对矿山自动化的推进作用 [J]. 工矿自动化，2004（4）：37-38.

[75] 刘永旭. 基于 MineSight Atlas 的地下矿山三维采掘进度计划编制 [J]. 采矿技术，2017，17（5）：95-98.

[76] 肖英才，王李管，易丽平，汪军. 基于 DIMINE 软件的露天采剥计划编制技术 [J]. 矿业工程研究，2010，25（4）：6-9.

[77] 贺俊林，武凤茹，刘占全. 巴润选厂隐蔽工程数字化研究 [J]. 矿冶工程，2011，31（6）：129-130.

[78] 李学锋. 矿山企业数据仓库的应用研究 [D]. 昆明：昆明理工大学，2005.

[79] 包国忠，乔富贵，何煦春，等. 特大型镍矿数字化矿山建设与进展 [M]. 北京：科学出版社，2014.

[80] 曾庆田，李德，汪德文，吴东旭，严体，赵艳伟. 三维可视化地下矿采掘进度计划编制及动态管理技术 [J]. 江西有色金属，2010，24（Z1）：88-91.

[81] 冯武. 北洺河铁矿三维可视化采矿设计流程再造与生产计划编制优化研究 [D]. 长沙：中南大学，2014.

[82] 李海其. 计算机采掘计划自动编制系统的研究 [J]. 矿业研究与开发，1994（3）：89-92.

[83] 李英龙，童光煦. 矿山生产计划编制方法的发展概况 [J]. 金属矿山，1994（12）：11-16.

[84] Javaid, Faiq. Conceptualization of a mining information model（MIM）using real time information for smart decisio making: a smart economics approach. Diss. 2018.

[85] Jones R M, Hillis R R. An integrated, quantitative approach to assessing fault-seal risk [J]. AAPG Bulletin, 2003, 87（3）：507-524.

[86] 王珂，戴俊生. 地应力与断层封闭性之间的定量关系 [J]. 石油学报，2012，33（1）：74-81.

[87] 景锋，盛谦，张勇慧，等. 中国大陆浅层地壳实测地应力分布规律研究 [J]. 岩石力学与工程学报，2007，26（10）：2056-2062.

[88] 景锋，盛谦，张勇慧，等. 不同地质成因岩石地应力分布规律的统计分析 [J]. 岩土力学，2008，29（7）：1877-1882.

[89] 肖本职，罗超文，刘元坤，等. 鄂西地应力测量与隧道岩爆预测分析 [J]. 岩石力学与工程学报，2005，24（24）：4472-4476.

[90] 周春梅，张旭，王章琼. 宜昌磷矿地压显现规律及数值模拟 [J]. 武汉工程大学学报，2012，34（10）：1-5.

[91] 刘宁苹，岳俊杰. 煤层开采对含水层的破坏及其防治措施 [J]. 能源与节能，2015，（9）：152-153.

[92] 李剑. 含水层下矸石充填采煤覆岩导水裂隙演化机理及控制研究 [D]. 徐州：中国矿业大学，2013.

[93] 康建荣, 何万龙, 胡海峰. 山区采动地表变形及坡体稳定性分析 [M]. 北京: 中国科学技术出版社, 2000.

[94] 易胜强, 陈翔, 石明汉, 等. 一种水平中厚矿体厢式充填采矿方法: 中国, CN201310059466.4 [P]. 2013-06-19.

[95] 王琢, 张晓明, 张河猛. 高应力软岩巷道对接式长锚杆支护可行性研究 [J]. 世界科技研究与发展, 2015, 37 (5): 490-493.

[96] Ebrahim G, Hamid K, Raheb B. Stability assessment of hard rock pillars using two intelligent classification techniques: A comparative study [J]. Tunnelling and Underground Space Technology, 2017, 68: 32-37.

[97] 邹莲花, 王赣江, 葛鑫. 金属矿山固体废物的鉴别与处置方法探讨 [J]. 有色冶金设计与研究, 2007, 28 (2-3): 50-54.

[98] Cao R H, Cao P, Lin H, et al. Failure characteristics of jointed rock-like material containing multi-joints under a compressive-shear test: Experimental and numerical analyses [J]. Archives of Civil and Mechanical Engineering, 2018, 18 (3): 784-798.

[99] 谢学斌, 邓融宁, 董宪久, 等. 基于突变和流变理论的采空区群系统稳定性 [J]. 岩土力学, 2018, 39 (6): 1963-1972.

[100] 曹胜根, 曹洋, 姜海军. 块段式开采区段煤柱突变失稳机理研究 [J]. 采矿与安全工程学报, 2014, 31 (6): 907-913.

[101] 谭毅, 郭文兵, 赵雁海. 条带式 Wongawilli 开采煤柱系统突变失稳机理及工程稳定性研究 [J]. 煤炭学报, 2016, 41 (7): 1667-1674.

[102] 徐恒, 王贻明, 吴爱祥, 等. 基于尖点突变理论的充填体下采空区安全顶板厚度计算模型 [J]. 岩石力学与工程学报, 2017, 36 (3): 579-586.

[103] 夏开宗, 陈从新, 刘秀敏, 等. 基于突变理论的石膏矿矿柱-护顶层支撑体系的破坏分析 [J]. 岩石力学与工程学报, 2016, 35 (Z2): 3837-3845.

[104] 王金安, 李大钟, 马海涛. 采空区矿柱—顶板体系流变力学模型研究 [J]. 岩石力学与工程学报, 2010, 29 (3): 577-582.

[105] Wang J A, Li D Z, Shang X C. Creep failure of roof stratum above mined-out area [J]. Rock Mechanics and Rock Engineering, 2012, 45: 533-546.

[106] 王金安, 李大钟, 尚新春. 采空区坚硬顶板流变破断力学分析 [J]. 北京科技大学学报, 2011, 33 (2): 142-148.

[107] 曹瑞琅, 贺少辉, 韦京, 等. 基于残余强度修正的岩石损伤软化统计本构模型研究 [J]. 岩土力学, 2013, 34 (6): 1652-1667.

[108] Pan Y, Li A W, Qi Y S. Fold catastrophe model of dynamic pillar failure in asymmetric mining [J]. Mining Science and Technology, 2009, 19 (1): 49-57.

[109] 王方田, 屠世浩, 李召鑫, 等. 浅埋煤层房式开采遗留煤柱突变失稳机理研究 [J]. 采矿与安全工程学报, 2012, 29 (6): 770-775.

[110] Vyazmensky A, Stead D, Elmo D. Numerical analysis of block caving-induced instability in large open pit slopes: A finite element/discrete element approach [J]. Rock Mechanics and

Rock Engineering, 2009, 43 (1)：21-39.

[111] 李明，茅献彪，茅蓉蓉，等．基于尖点突变模型的巷道围岩屈曲失稳规律研究 [J]．采矿与安全工程学报，2014 (3)：379-384.

[112] Brady B H G, Brown E T. Rock mechanics for underground mining [M]. Dordrecht：Kluwer Academic Publishers, 2004.

[113] 何忠明，彭振斌，曹平，等．双层空区开挖顶板稳定性的 FLAC3D 数值分析 [J]．中南大学学报（自然科学版），2009，40 (4)：1066-1071.

[114] 卢新明，尹红．矿井通风智能化理论与技术 [J]．煤炭学报，2020，45 (6)：2236-2247.

[115] 陈开岩．矿井通风系统优化理论及应用 [M]．徐州：中国矿业大学出版社，2003：60-61.

[116] 黄翰文，聂义勇．矿井按需分风双树解算法 [J]．煤炭学报，1983 (4)：1-11.

[117] 黄元平，李湖生．矿井通风网络优化调节问题的非线性规划解法 [J]．煤炭学报，1995，20 (2)：14-20.

[118] 王树刚，孙多斌．稳定流体管网理论 [M]．北京：煤炭工业出版社，2007：114-116.

[119] 张珂，杨应迪，刘学通，等．矿井通风系统三维模型的构建与应用 [J]．工矿自动化，2020，(2)：59-64.

[120] 魏连江，王德明，王琪，葛鹏．构建矿井通风可视化仿真系统的关键问题研究 [J]．煤矿安全，2007，38 (7)：6-9.

[121] 柳明明．Ventsim 三维通风仿真系统在金属矿山的应用 [J]．金属矿山，2010 (10)：120-122.

[122] 倪景峰，刘剑．矿井通风仿真系统数据库设计 [J]．辽宁工程技术大学学报：自然科学版，2004，23 (5)：585-587.

[123] 高旭，陈文涛，石超．矿井通风网路解算及其可视化研究 [J]．中国矿业，2009 (8)：95-98.

[124] 刘东锐，刘伟强，李印洪，等．深井高温矿床热害治理实践 [J]．采矿技术，2017，17 (4)：65-67.

[125] 冯兴隆，陈日辉．国内外深井降温技术研究和进展 [J]．云南冶金，2005，34 (5)：7-10.

[126] 许志发，孔祥云，龙翠，等．深井矿山通风技术研究应用现状 [J]．价值工程，2017，36 (9)：112-114.

[127] 王明斌，许峰，周伟．制冷降温技术在三山岛金矿热害控制中的应用 [J]．现代矿业，2021，37 (8)：220-222.

[128] 李新成，周世霖，苏建军，等．基于 Ventsim 软件的深井高温矿床通风降温模拟 [J]．现代矿业，2014，(8)：117-119.

[129] 杨彪，罗周全，陆广，等．露天矿山三维设计方法应用研究 [J]．工程设计学报，2011，18 (1)：48-52.

[130] Frimpong S, Asa E, Szymanski J. Advances in open pit mine design and optimization research

[J]. In-temational Journal of Surface Mining, Reclamation and Environment, 2002, 16 (2): 134-143.

[131] 李肖锋, 邓华梅, 袁海平. 数字化矿山三维空间模型的建立与研究 [J]. 矿业快报, 2008, 12: 31-33.

[132] 李一帆, 李枫, 王慧萍. 三维可视化技术在矿山工程中的应用 [J]. 中国钨业, 2009, 24 (1): 24-26.

[133] 孙璐, 戴晓江. 建立矿山三维模型中 3Dmine 矿业软件的应用 [J]. 中国非金属矿工业导刊, 2011, (1): 60-62.

[134] 余文章, 戴晓江. 基于 3DMINE 软件系统的露天矿境界优化研究及应用 [J]. 矿冶, 2011, 20 (4): 25-29, 37.

[135] 宋文龙, 梁乃跃. 应用 3Dmine 软件进行露天矿采掘进度计划编制 [J]. 中国矿业, 2012, 21: 374-377.

[136] 于润仓. 采矿工程师手册 [M]. 北京: 冶金工业出版社, 2009.

[137] 李冲, 王君, 张猛, 等. 长、短分期开采在甲玛铜多金属矿设计中的应用 [J]. 黄金, 2014, 35 (5): 30-34.

[138] 张富民. 采矿设计手册 (矿床开采卷上) [M]. 北京: 中国建筑工业出版社, 1987.

[139] 霍根虎, 王鹤年, 刘爱民, 等. 分期开采方法和陡帮开采技术在翁泉沟硼铁矿的应用 [J]. 有色金属 (矿山部分), 2012, 64 (3): 17-20.

[140] 杨育, 金鑫, 王永增. 分期开采中影响矿山生产能力的因素 [J]. 矿业工程, 2012, 10 (5): 18-20.

[141] 姜科, 李长征, 钟小宇. 倾斜分条扩帮开采工艺在大孤山铁矿的应用 [J]. 矿业工程, 2003, 1 (3): 28-31.

[142] 张幼蒂, 姬长生. 大型矿山生产规模及其相关决策要素综合优化 [J]. 中国矿业大学学报, 2000, 29 (1): 15-19.

[143] 卢宏建, 高永涛, 吴顺川. 石人沟铁矿露天转地下开采生产规模优化 [J]. 北京科技大学学报, 2008, 30 (9): 967-971.

[144] Herr J W. Modelling acid mine drainage on a watershed scale for TMDL calculations [J]. Journal of the American Water Resources Association, 2003, 39 (2): 289-300.

[145] 罗周全, 管佳林, 王益伟, 等. 地下金属矿山生产规模优化确定方法 [J]. 中南大学学报 (自然科学版), 2013, 44 (7): 2875-2880.

[146] 王新民, 赵彬, 张钦礼. 基于层次分析和模糊数学的采矿方法选择 [J]. 中南大学学报 (自然科学版), 2008, 39 (5): 875-880.

[147] 王新民, 赵彬, 张钦礼. 大型多金属露天矿生产规模优化 [J]. 中国矿业, 2012, 21 (增刊): 357-361.

[148] 姬长生, 张幼蒂. 露天矿生产能力的优化 [J]. 煤炭学报, 1998, 23 (5): 550-555.

[149] 任红岗, 谭卓英, 魏铮. 埃塞俄比亚某大型金矿基于经济比较法开采方案选择 [J]. 有色金属工程, 2015, 5 (2): 86-88, 92.

[150] 张敬, 贺茂坤. 某大型深凹露天矿排土工艺改造 [J]. 有色金属工程, 2012, 2 (3):

55-57.

[151] 王先, 张树伟. 司家营露天矿区开拓运输系统设计 [J]. 中国矿山工程, 2012, 41 (5): 15-18.

[152] 杨晓云. 露天矿矿石开拓运输方案比较 [J]. 有色冶金设计与研究, 2014, 35 (2): 12-14.

[153] 钱永聪. 公路—胶带—铁路联合开拓运输系统在朱矿深部开采中的应用 [J]. 中国矿业, 2012, 21 (增刊1): 354-356, 386.

[154] 王新华. 特大型露天矿开拓运输系统的选择 [J]. 矿业工程, 2014, 12 (1): 16-19.

[155] 肖武. 基于强度折减法和容重增加法的边坡稳定分析及工程研究 [D]. 南京: 河海大学, 2005.

[156] 孙广忠. 工程地质与地质工程 [M]. 北京: 地震出版社, 1993.

[157] 郑颖人, 赵尚毅, 张鲁渝. 用有限元强度折减法进行边坡稳定分析 [J]. 中国工程科学, 2002, 4 (10): 57-61.

[158] 王勖成, 邵敏. 有限单元法基本原理和数值方法 [M]. 北京: 清华大学出版社, 1997, 483-487.

[159] 张季如. 边坡开挖的有限元模拟和稳定性评价 [J]. 岩石力学与工程学报, 2002, 21 (6): 843-847.

[160] hang J R, Peng S M, Qi S, et al. Analysis and treatment of slide in Daganping [A]. In: Shen Z J, Law G Y, Fellenius B H edited, Proceedings of Second International Conference on Soft Soil Engineering [C]. Nanjing: Hohai University Press, 1996, 554-559.

[161] 赵尚毅, 郑颖人, 时卫民, 等. 用有限元强度折减法求边坡稳定安全系数 [J]. 岩土工程学报, 2002, 24 (3): 343-346.

[162] Wang Q, Zhang P Z, Jeffery, et al. Present-day crustal deformation in China constrained by global position system measurements [J]. Science, 2001, 294: 574-577.

[163] 郑颖人, 陈祖煜, 王恭先, 等. 边坡与滑坡工程治理 [M]. 2版. 北京: 人民交通出版社, 2010.

[164] 苗胜军, 蔡美峰, 夏训清, 等. 深挖露天矿 GPS 边坡变形监测 [J]. 北京科技大学学报, 2006, 28 (6): 515-518.

[165] 高谦, 赵静波, 吴学民. 预应力锚索加固边坡应用及稳定性分析 [J]. 矿业工程, 2004, 2 (3): 9-12.

[166] 曹阳, 黎剑华, 颜荣贵, 等. 超高台阶排土场建设决策研究与实践 [J]. 岩石力学与工程, 2002, 21 (12): 1858-1862.

[167] 王光进, 杨春和, 张超, 等. 超高排土场的粒径分级及其边坡稳定性分析研究 [J]. 岩土力学, 2011, 32 (3): 905-913.

[168] 杜炜平, 颜荣贵. 高台阶排土场技术及其发展趋势 [J]. 矿冶工程, 1993, 18 (1): 18-22.

[169] 贺健. 大格高台阶排土场岩土流失规律研究 [J]. 金属矿山, 2001, (11): 14-16.

[170] 汪海滨, 李小春, 米子军, 等. 排土场空间效益及其稳定性评价方法研究 [J]. 岩石力

学与工程学报，2011，30（10）：2103-2111.

［171］崔斌，赵汝辉，杨晓晨，等 . 用影响露天矿排土场稳定性因素研究［J］. 山东煤炭科技，2011，（3）：154-155.

［172］杜炜平，颜荣贵，古德生，等 . 超高台阶土场稳坡扩容增源新技术［J］. 中南工业大学学报，2000，31（1）：13-16.

［173］中华人民共和国国家标准编写组 . 有色金属矿山排土场设计规范（GB 50421—2007）［S］. 北京：中国计划出版社，2007.

［174］颜荣贵 . 七架沟排土场泥石流防治对策［J］. 有色金属，1997，49（4）：1-5.

［175］颜荣贵 . 底部泄流式排土场建设研究［J］. 湖南有色金属，1996，12（2）：26-32.